Impero della moda, Italia

패션제국,
이탈리아

김용익 _지음

∑ 시그마프레스

패션제국, 이탈리아

발행일 | 2015년 8월 20일 1쇄 발행

저자 | 김용익
발행인 | 강학경
발행처 | **(주)시그마프레스**
디자인 | 김세아
편집 | 류미숙

등록번호 | 제10-2642호
주소 | 서울특별시 영등포구 양평로 22길 21 선유도코오롱디지털타워 A401~403호
전자우편 | sigma@spress.co.kr
홈페이지 | http://www.sigmapress.co.kr
전화 | (02)323-4845, (02)2062-5184~8
팩스 | (02)323-4197

ISBN | 978-89-6866-501-1

* 이 도서의 국립중앙도서관 출판예정도서목록(CIP)은 서지정보유통지원시스템 홈
페이지(http://seoji.nl.go.kr)와 국가자료공동목록시스템(http://www.nl.go.kr/
kolisnet)에서 이용하실 수 있습니다.(CIP제어번호 : CIP 2015021195)

Chapter 3
이탈리아의 패션 체인
시스템, 그들이
일하는 법

Chapter 4
패션업계 사람들

Chapter 7

이탈리아 패션
클러스터

추천사

지난 10월 중순 한국패션협회가 주관하는 한-이탈리아 수교 130주년 패션문화 행사가 있어 이탈리아 밀라노에 다녀왔다. 현지의 수많은 패션, 문화, 언론계 인사들이 참여하여 성황을 이루었고 이때 김용익 제일모직 밀라노 전 법인장을 만나게 되었다. 평소 아끼던 직장 후배가 최근 회사를 그만두게 되어 무척 걱정하고 있었는데 자신감에 찬 미래의 설계를 듣는 순간 완전히 나의 기우였음을 깨닫게 되었다. 이탈리아 패션에 관한 책을 쓰고 있으니 나에게 추천사를 부탁하였다. '패션' 하면 이탈리아인데 지금까지 이탈리아 패션 전반에 관해 책을 쓴 이가 없어 본인이 사명감을 가지고 쓴다는 것이다. 대단히 의욕적인 모습을 보며 역시 김 법인장 답다는 생각을 하면서도 이탈리아 패션을 공부한 수많은 전문가들이 있을 텐데 아무도 쓴 이가 없다니 상식적으로 쉽게 믿어지지 않았다. 그렇다면 이는 대단히 의미 있는 역사적(?)인 작업인지라 기꺼이 추천사를 쓰는 영광을 받겠다고 했다.

이 책에서는 이탈리아 섬유, 패션 산업의 업^{UP}, 미들^{MIDDLE}, 다운 ^{DOWN} 스트림 전반에 이르기까지 분야별로 폭넓고 깊이 있게 다루었을 뿐 아니라 구두, 가방, 안경 등 액세서리는 물론 생산, 유통, 물류 체계 그리고 전통적인 가업 중심의 장인정신을 통한 앞선 기술에 대해 소상히 소개하고 있다. 또한 최근 무척 증가하고 있는 M&A 현상과 사례, 이탈리아 패션 산업의 강약점을 다루고 있어 특히 관심 있는 국내 학계, 업계에 유익한 길잡이가 될 수 있음을 믿어 의심치 않는다.

김 법인장은 삼성물산에 입사, 제일모직을 거쳐 24년간 패션 분야에서만 근무한 전문가일 뿐 아니라 밀라노에서 10년 이상 근무한 글로벌맨이다. 오랫동안 발로 뛴 현장 경험을 바탕으로 전개될 폭넓고 깊이 있는 그의 작품에 대한 기대와 그의 열정을 함께 느낄 수 있어 패션계 선배의 한 사람으로 큰 자부심을 느낀다.

또한 김 법인장의 의욕에 찬 미래에 펼칠 꿈을 듣노라면 이 책은 서곡에 지나지 않을 듯싶다. 매사에 적극적이고 활동적인 그였기에 앞으로 이어질 그의 활약과 시리즈를 기대해 본다.

열정을 가진 패션인은 영원할 것이다. 그의 첫 출간을 다시 한 번 축하하며 미래 한국 패션의 선진화를 위한 등불이 되어 주기를 기대한다.

한국패션협회 회장 원대연

In 2006 I first met Mr Kim who was working for Samsung Italia.

It was interesting to listen to his vision of the future globalisation and on-line business of 10 Corso Como.

I am looking forward to reading his book about Italian fashion which is the result of his long years of experience of working in Milano.

I think that his book might help to improve the development of the relationship between Italian and South Korean fashion.

Founder of 10 Corso Como, Milano

Carla Sozzani

이탈리아는 나라 전체가 인류 역사 박물관이다. 기원전의 고대 유적으로부터 현재까지 3천여 년간 인류가 일궈낸 역사의 유산이 나라 곳곳에 고스란히 남아 있다. 시칠리아의 신전이나 유적들, 폼페이, 이탈리아 남부 곳곳에 흩어져 있는 고대 유적이나 역사의 현장들이 아직 그대로 남아 있다. 2천 년 이상된 유산을 제대로 유지 보수도 못할 정도로 터무니없이 많은 유산을 보유한 로마, 중세시대 유럽 상권을 지배하며 유럽의 발전을 주도한 베네치아, 르네상스를 대표하는 피렌체 등 이 지면에 다 언급하기 힘들 정도로 많은 문화 유산을 자랑하는 나라이다. 게다가 전세계에서 가장 아름답다는 알프스 산맥, 그중에서도 가장 아름다운 산들이 모인 돌로미티^{Dolomitti}도 이탈리아에 있다. 삼면에 걸쳐 있는 바다와 지중해성 날씨는 사람이 살기에 천혜의 환경이 아닐까 싶다. 어느 나라 어떤 곳에서 이런 자연의 아름다움과 수천 년 역사를 넘나드는 여행을 체험할 수 있을까?

그러나 이런 환경에 비해 실제 이탈리아에서 살아가는 사람들, 특히 외국인 기업가들은 불편함을 많이 호소한다. 효율을 중시하지 않는 사회제도나 생활방식으로 인해 '빨리빨리'식의 한국적인 서비스에 익숙한 사람들이 생활하기는 더욱 쉽지 않다.

이탈리아인은 평생을 고향에서 부모님과 함께 혹은 주변 동네에서 사는 사람들이 70% 이상이다. 자연스럽게 가족 중심의 삶이 일상생활과 문화에 묻어 있다. 역사적 배경도 한몫한다. 로마제국 멸망 이후 이탈리아는 1861년 하나의 나라로 통일되기까지 천년 이상을 각각의 소형 도시 국가 형태로 존재해 왔다. 이에 동향 사람들과는 처음 만나도 몇십 년 지기처럼 금방 친해지고, 다른 지역 출신은 무시하거나 외국인 대하듯이 경계하는 사람들이 허다하다. 우리나라의 지역 감정 문제는 이탈리아에 비하면 문제 축에도 못 낀다.

이탈리아는 중소기업 중심의 나라라고들 이야기한다. EU 안에서 보면 프랑스나 독일 등 다른 나라에 비해 두 배 이상 높은 중소기업 의존율을 보이고 있다. 각각의 중견기업들은 분화된 역할을 하며 경쟁력을 가지고 있다. 이탈리아에서 중소기업이 발전하게 된 데에는 특유의 가족 중심 문화, 지역주의, 높은 세금, 힘 있는 노조와 노동법 그리고 정부의 지원 등이 바탕이 되었다고 할 수 있겠다.

이탈리아의 많은 중소기업은 자체 내수시장뿐만 아니라 글로벌 마켓을 대상으로 일한다. 작은 회사의 장점을 살려 발 빠른 적응력과 융통성으로 고객의 수요를 파악하고 변신을 거듭하며 발전해 나가고 있다. 그러나 최근 첨단화되고 글로벌화되는 기업시장 환경 속에서 규모의 경제를 실현하기 어렵고, 대규모 자금 조달 부족으로 R&D 및 설비 투자 재원 부족 등의 큰 약점을 노출하고 있다. 이런 측면에서 보면 글로벌 시장에서 경쟁력이 떨어지고 있는 것도 사실이다.

이탈리아의 섬유 패션업체도 이런 중소기업의 범주를 벗어나지 않는 회사가 대부분이다. 하지만 차별화된 상품력을 바탕으로 세계화를 이룬 대기업도 있다. 베네통, 아르마니, 토즈, 구찌 등 전세계인들의 사랑을 받는 수많은 이탈리아 브랜드에서 이탈리아가 얼마나 섬유, 패션 분야에 강한 나라인지 가늠할 수 있다.

이탈리아의 기업들이 가족 중심의 작은 규모를 선호하는 이유는 높은 세금, 강력한 노동법 및 강력한 노조 때문이 크다. 근로자의 급여는 매일 근무 시간을 체크하여 급여를 산정하도록 되어 있다. 이탈리아의 많은 매장이 점심시간에 문을 닫는다. 식당들은 점심 영업은 오후 3시까지만 하고 브레이크 타임을 가졌다가 저녁 7시에나 다시 문을 여는 곳이 많다. 이 모든 것이 근로자의 근무 시간을 최소화하기 위한 방법이다. 법으로 일정 시간 이상 잔업을 할 수 없도록 규정되어 있기 때문이다.

이 책에는 이탈리아의 일상생활에 대해 사례 중심으로 Tip 몇 가지를 소개하였다. 이탈리아 패션이 무엇이고 어떻게 지금의 패션 강대국이 되었는지 그리고 이들이 일하는 방식이나 직업을 분석해 보고자 했다. 이탈리아 패션 산업, 유통, 전시회 등에 대한 전문적인 내용은 부록으로 정리하였다. 처음 패션을 공부하는 학생들이나 전문가들에게 도움이 될 수 있도록 이탈리아에서의 생활과 근무 경험을 토대로 실제 상황에 대한 사례 중심으로 정리를 하였고 이탈리아 업체들의 성공 사례들을 몇 가지 제시해 교훈을 찾아보고자 했다.

이탈리아라는 나라나 이탈리아 패션에 관심이 있는 분들에게 작은 도움이 되었으면 하는 바람이다.

책은 아무리 유익한 내용을 담고 있더라도 지겹지 않아야 하고 재미있어야 하는데, 이 책이 독자들에게 재미와 유익함을 동시에 충족시켜 줄 수 있을까 생각하니 아쉽고 부끄럽기 그지없다.

이탈리아에서의 10여 년 직장생활을 마무리하며 그간의 경험을 모아 무언가 이렇게 남길 수 있게 되었다는 것이 기쁠 뿐이다. 가정생활은 무시하고 밖으로만 나돌았던 25년간의 직장생활에서 현재의 자리까지 온 것은 순전히 가족들의 격려와 도움 덕택이다. 서울에서 아무 불평 없이 10여 년간 장남 역할을 해온 동생 가족, 자료를 찾는 데 많은 도움을 준 이선영 양, 이탈리아 지상사 협회 회원사 여러분의 격려가 많은 도움이 되었다.

김용익

chapter

01

이탈리아의
패션

"전세계적으로
이탈리아 상품이
긍정적인 이미지로
자리매김하면서
'Made in Italy'는
멋진 취향과 삶의 퀄리티를
표현하는
대명사가 되었다."

시스테마 모다 이탈리아
(Sistema Moda Italia, 2003)

이탈리아의 패션 히스토리

"Il concetto Made in Italy ha contribuito negli anni alla definizione dei concetti del buon gusto italiano e della nostra qualità della vita, producendo effetti positivi sull'immagine del prodotto italiano nel mondo."

"전세계적으로 이탈리아 상품이 긍정적인 이미지로 자리매김하면서 'Made in Italy'는 멋진 취향과 삶의 퀄리티를 표현하는 대명사가 되었다."
(*Sistema Moda Italia, 2003*)

7세기 말 이탈리아 베네치아는 포 강과 아드리아 해가 만나는 지리적 조건을 바탕으로 유럽과 아시아, 중동을 잇는 무역의 창구가 되었다. 이곳의 상인들은 활발한 중계무역을 담당했으며, 이를 통해 중국에서 만든 고급 실크 원단과 실크로 만든 제품 등을 취급하면서 섬유 영업과 제직 기술을 자연스럽게 배울 수 있었다. 그때로부터 지금까지 천년이 훨씬 넘는 시간 동안 다져진 원단에 대한 지식과 경험은 이탈리아 섬유 산업의 기초가 되었다. 이탈리아의 섬유 산업은 이같은 오랜 무역 활동을 기반으로 중세시대부터 르네상스를 거치며 크게 발전했지만, 유럽 열강의 지배하에 19세기까지 도시국가 형태로 남겨지면서 침체기를 맞게 된다.

하청 생산으로 시작했지만······

20세기에 들어서며 이탈리아는 저렴한 인건비, 타고난 손재주와 장인정신으로 영국과 프랑스 섬유 산업의 주요 하청 생산 기지가 되었다. 인구가 밀집된 북부 상업 지역을 중심으로 영국과 프랑스에서 들어오는 신사, 숙녀복의 하청 생산 및 소재 공급 기지로서의 역할을 수행하게 되었고, 이 과정에서 선진 기술을 축적할 수 있었다. 이는 이탈리아만의 독자적인 섬유 기술을 개발하는 디딤돌이 된다.

같은 시기 유럽뿐만 아니라 미국에서도 이탈리아인들은 가장 밑바닥부터 패션에 대한 지식을 쌓고 있었다. 1900년대 초 가난을 피해 미국으로 이주한 남부 이탈리아 출신의 테일러들이 할리우드에서 의미 있는 성공을 거두게 되었다. 그 대표적 인물이 살바토레 페라가모Salvatore Ferragamo이다. 그는 가난을 피해 미국으로 이민을 간 뒤 할리우드에서 스타들의 신발을 만드는 장인으로 큰 성공을 거두었다. 이후 다시 이탈리아 피렌체로 돌아와 자신의 브랜드를 창업하여 오늘에 이르고 있다.

우리나라도 일본이나 미국의 하청을 통해 섬유·패션 산업의 발전이 시작되었다. 그러나 1980년대를 지나면서 인건비 상승 등의 이유로 섬유 공장들은 중국, 동남아시아 등으로 이전하게 되었고, 정부에서는 섬유 경공품보다 중화학 공업 육성 정책을 강화하면서 섬유 산업은 사양 산업으로 평가되어 젊은이들에게 외면받기 시작했다. 나의 학창 시절을 돌이켜 보면, 공과대학에 입학하여 1학년을 마친 후 학과를 선택하게 되어 있었는데, 모든 학생이 전자나 기계 등을 중심으로 전공을 선택했고, 내가 선택하고 공부했던 섬유공학과는 70년대의 화려함과는 상당히 거리가 멀어 제일 마지막으로 선택하던 인기 없는 학과였다.

하지만 이탈리아는 달랐다. 이탈리아 정부는 다양한 지원과 전문 직업학교 프로그램을 통해 젊은 패션 인력을 지속적으로 양성했다. 또한 영국과 프랑스의 하청을 통해 습득한 경험을 살려 독창적인 이탈리아만의 스타일을 만들어 냈고 관련 제품과 기술을 꾸준히 발전시켜 결국에는 섬유, 패션 산업 분야에서 전세계 최고 경쟁력을 갖추게 되었다.

제2차 세계대전 이전까지 세계 패션의 중심지는 파리였다. 패션에 관련된 독창적 아이디어나 트렌드는 파리에서 시작되었고, 세계의 모든 바이어가 파리로 몰려들었다. 더불어 프랑스 정부의 적절한 지원으로 패션쇼 및 호텔, 판촉 등 관련 활동들이 체계적으로 이루어지면서 파리는 세계 패션에서 주도권을 행사할 수 있었다.

그러나 제2차 세계대전 이후 거장 디자이너들이 사망하고 많은 패션 하우스에서 시장의 요구나 트렌드에 맞지 않는 컬렉션을 고집하자 프랑스는 점차 국제시장에서 외면을 받게 되었다. 이러한 공백을 메울 수 있는 대안으로 이탈리아의 패션이 주목 받기 시작했다.

1951년 2월 12일

1951년 2월 12일은 이탈리아 패션 부흥의 시발점이라 할 수 있는 의미 있는 날이다. 바로 이날 토스카나 주 루카의 귀족 출신이었던 지오반니 조르지니$^{\text{Giovanni Battista Giorgini 1898~1971}}$가 피렌체에 있는 그의 자택에서 패션쇼를 개최했다. 지오반니 조르지니는 이탈리아 패션을 이야기할 때 빼놓을 수 없는 인물로, 미국 대형 백화점에 이탈리아 패션과 장인정신이 담긴 제품을 수출하며 이탈리아 패션의 우수성을 알리기 위하여 많은 노력을 했던 장본인이다. 그리고 같은 해 7월에 그의 두 번째 패션쇼가 그랜드 호텔로 장소를 옮겨 열렸으며, 1953년에는 피티 궁$^{\text{Palazzo di Pitti}}$으로 옮겨 패션쇼를 개최함으로써 오늘날의 피티 이마지네$^{\text{Pitti Immagine}}$, 즉 패션 박람회의 출발이 되었다. 조르지니가 주관한 패션쇼는 이탈리아가 하청 국가에서 벗어나 세계 패션의 무대에 등장하는 계기가 되었으며, 이후 양적, 질적으로 이탈리아의 의류 및 패션 산업은 성장을 지속하게 된다.

밀라노 패션시대를 열다

1960년대 이탈리아 패션 산업이 비약적인 성장을 이루어내자 1970년대에 이르러 이탈리아의 여러 패션 브랜드와 기업들이 본격적인 글로벌 진출을 시도한다. 이것이 발판이 되어 이탈리아의 섬유 패션 산업은 글로벌 리더로 자리 잡게 되었다. 로마, 피렌체, 밀라노 등으로 나누어져 있던 패션 도시들은 1970년대부터 밀라노로 집약되었고, 밀라노는 이탈리아 패션의 중심일 뿐만 아니라 세계 패션의 중심지로서 확고한 위치를 차지하게 된다. 이로 인해 소재, 정보, 인력 등 이탈리아의 패션에 관한 모든 인프라가 밀라노로 집중되었고, 바이어 및 관련자들이 밀라노에서 효과적으로 일을 추진할 수 있게 되었다.

이 시기에 파리에서 활동하던 패션 디자이너 켄 스콧^{Ken Scott}이 밀라노로 옮겨와 매장을 열었고, 기성복의 선구자인 월터 알비니^{Walter Albini}가 피렌체를 떠나 밀라노에 정착했으며, 유명 디자이너 미소니^{Missoni}, 크리지아^{Krizia}, 바질리^{Basili} 등이 그 뒤를 따랐다. 이들은 그 이전부터 밀라노에서 활동하고 있던 밀라 쉔^{Mila Schon} 등과 함께 밀라노 패션의 주류로 활동하게 된다. 1973년 제2차 석유파동으로 세계 경기가 위축되어 국내 수요가 감소하고 매출액이 저하되는 등 패션업계 전체가 위기를 맞게 되었다. 이때 오히려 과감한 설비 투자를 진행하고, 제품 생산을 고품질의 고급품에 집중하고, 중소기업들도 다품종 소량 생산 체제로 전환하는 등 이탈리아 내부적으로 패션 산업에 대한 체질개선이 진행되었다. 이탈리아 정부는 위기 탈출 및 업계 지원을 위해 국가 차원의 지원책으로 각종 전시회를 통한 적극적인 마케팅 전략을 수립했다.

메이드 인 이탈리아, 그리고 전시회

1978년 '우아함의 장관^{Minister of Elegance}'이라 불린 밀라노 패션위크 창시자 베페 몬데제^{Beppe Mondenese}의 기획으로 밀라노 피에라에서 열린 밀라노 컬렉션^{Centro Sfilata Milano Collezioni}은 이탈리아 패션이 세계적 수준이라는 것을 공고히 하는 계기를 마련했다. 또한 이 시기 밀라노에서 활동하던 조르지오 아르마니, 지아니 베르사체, 지안프랑코 페레 등의 디자이너들이 세계 패션의 리더로 자리를 굳힘에 따라 밀라노는 이탈리아 및 세계 패션의 대명사로 자리 잡았다.

그 결과 1976년에 43억 달러였던 이탈리아의 섬유 의류 수출이 10년 후인 1986년에는 144억 달러로 약 3.3배 신장하는 비약적 성장을 이루면서 섬유, 패션의 세계 최강국으로서의 입지를 확고히 하게 된다.

이렇게 70년대부터 80년대를 통해 비약적으로 발전하게 된 이탈리아 섬유 패션 산업은 결국 세계 속에서 '메이드 인 이탈리아^{Made in Italy}'라는 이미지를 만들어 낸다. 서구의 다른 선진국처럼 진정한 의미의 산업혁명을 이루어 내지도 못했고, 전통이 있다고 해도 프랑스 등 주변국의 하청 생산처로 오랜 시간 동안 뒷방 신세였지만 기초부터 탄탄히 다져진 지금의 '메이드 인 이탈리아'는 이제 세계시장에서 최고급 제품의 대명사가 되었다. 패션업계에서 볼 때 출발 시기는 다른 나라에 비해 좀 늦었지만 독특한 기업 문화와 장인정신, 오랜 기술력을 바탕으로 짧은 시간에 이룩한 이탈리아 패션의 저력이라 할 수 있겠다.

1970년대 지아니 베르사체, 조르지오 아르마니, 구찌, 발렌티노,

로베르토 카발리의 론칭 40주년 기념 패션쇼

미소니 등 '메이드 인 이탈리아'의 성과와 명성을 이루어 낸 디자이너 들에 이어 돌체 앤 가바나, 프라다, 로베르토 카발리, 에트로, 펜디, 트루사르디, 토즈, 마르니 등 새롭게 세계적인 패션 브랜드로 자리 잡은 브랜드들 덕분에 이탈리아 밀라노의 패션위크는 뉴욕, 파리와 더불어 세계 3대 컬렉션으로 명성을 날리고 있다.

　이런 세계적인 명품 브랜드와 패션위크뿐만 아니라 연 2회 정기적 전시회를 통해 판매·유통되는 제품이나 컬렉션들이 있는데, 남성복 중심의 피티 워모, 아동복의 피티 빔비, 결혼 예복의 스포자 이탈리아, 가죽이나 모피의 미퍼, 신발 전시회인 미캄, 가죽 핸드백 제품 중심의 미펠, 신진 디자이너들의 컬렉션을 선보이는 밀라노벤데모다, 모닷, 화이트 등의 전시회와 세계 최대 규모의 가구 및 인테리어 전시회인 살로네 델 모빌레 등이 바로 그것이다. 패션부터 라이프 스타일까지 이탈리아는 다양하게 세분화된 전시회들을 통해 전세계 고객을 끌어들이며 세계 패션 시장을 리드해 가고 있다.

또한 현재까지도 각 지역별 산업 클러스터를 중심으로 섬유, 의류, 가방, 신발, 가죽, 안경 등의 생산 기반은 패션계 전반의 시너지 효과를 창출하고 있으며, 이들이 1년에 1~2회씩 발표하는 신제품 전시회는 전세계 패션업계 종사자나 전문가들의 필수 출장 코스가 되게 만들었고, 이것들은 다른 나라의 제품이나 컬렉션에도 엄청난 영향력을 미치고 있다. 최고급 원부자재가 대부분 이탈리아에서 생산이 되니 그것을 이용하는 전세계의 패션업계에 미치는 영향력이라는 것은 굳이 말로 표현할 필요조차 없을 것이다.

이탈리아 경제와 패션

이탈리아는 중국과 함께 섬유 패션 관련 모든 제품, 즉 원부자재부터 완제품까지 현지에서 통합구매가 가능한 나라다. 섬유 패션 산업이 기본적으로 노동 집약적인 산업이기에 저임금 노동력을 바탕으로 낮은 가격의 제품을 만들어 급부상한 중국이나 동남아시아, 동유럽 국가들로 인해 쉽지 않은 환경에 처해 있지만 다른 저임·저가 소싱 국과는 달리 전세계 최고 품질의 원부자재와 디자인의 독창성, 고품질 제품으로 '메이드 인 이탈리아' 자체가 하나의 거대한 브랜드화가 되어 이탈리아산 섬유·패션 제품은 고부가가치 상품으로 존중받고 있다.

이탈리아의 섬유, 의류 산업은 부자재, 섬유, 직물과 같은 원부자재에서부터, 가죽 의류 등의 봉제 완제품, 패션 브랜드, 섬유 기계 산업 등 관련 분야 간의 시너지를 통해 지속적인 발전을 해오고 있다. 전세계 섬유, 의류시장에서 절대적인 위치를 차지하고 있는 이탈리아는 EU 가입 후 인건비와 물가 상승으로 제조업의 기반이 많이 붕괴되어 어려운 상황이지만, 생산 설비에 대한 지속적인 투자 및 자동화, 저임 소싱 국가를 대상으로 한 해외 공장 투자, 그리고 현지의 여전히 숙련된 노동 인력을 바탕으로 생산 효율 증가 및 고부가가치 창출을 위한 전략을 계속해서 추진해 나가고 있다.

아래 표는 이탈리아의 섬유·패션 산업 추이를 보여주고 있다. 표에서 보면 2008년 글로벌 금융 위기 이후 2009년에는 고용자 수가 어

이탈리아의 섬유, 의류 산업(2007~2012년)

	2007	2008	2009	2010	2011	2012
매출(100만 유로)	55,947	54,718	46,312	49,660	52,768	50,446
성장률(%)	2.8	−2.2	−15.4	7.2	6.3	−4.4
기업(수)	58,056	56,610	54,493	53,086	51,873	50,576
성장률(%)	−2.5	−3.7	−2.6	−2.3	−2.3	−2.5
고용자 수(1,000명)	513.0	508.2	482.3	358.6	446.9	430.8
성장률(%)	−0.7	−0.9	−5.1	−4.9	−2.6	−3.6

출처 : ISTAT, SMI 2013년 자료

느 정도 유지되다가 2010년에 급격하게 줄어든 것을 볼 수 있는데, 이 탈리아에서는 영업이 어려워 사람을 해고해야 할 상황에 해고를 하지 않을 경우 고용 유지 지원금[1]이 나온다. 이 제도로 인해 2009년 기업에서는 고용을 최대한 유지하며 버텼으나 견디기 어려운 영업 환경이 지속되자 결국 2010년에 대규모 해고를 감행했다. 이후 2011년 영업이 개선되면서 고용 개선 효과가 나타나는 것을 확인할 수 있다.

이탈리아의 섬유, 의류업계는 섬유 기계, 소재, 의류 완제품 및 액세서리 등 산업 전반에 걸쳐 높은 생산 경쟁력을 보유하여 국가 경제적으로도 주요 기간산업으로서의 위치를 차지하고 있으며 무역수지 흑자에도 큰 기여를 하고 있다.

이탈리아의 섬유, 패션 산업은 2012년 기준 전체 제조업 수출의 9.4%, 고용비중 14.2 %를 차지하고 있다. 업체 수는 약 5만여 개이고, 종업원 수는 약 43만 명에 달하며, 이는 이탈리아 전체 제조업 부가가치 생산의 약 9.6%에 해당한다. 또한 생산의 50% 이상을 수출하는 섬유, 패션 분야는 항상 무역 수지 흑자를 유지하고 있으니 이탈리아 경제의 중추 산업이라고 할 수 있겠다.

2008년 글로벌 경제 위기 이후 이탈리아 경제는 여전히 어려운 상황이지만 섬유 패션 산업은 가장 빠르게 위기를 극복하고 있으며 안정을 찾아가고 있다.

---

1 CIGS(Cassa Integrazione Guadagni Straordinaria): 파산신고, 인원 감축 등 경영 위기에 처한 기업의 노동자와 기업을 보호해 주는 노동법으로, 관련 서류 제출 이전에 최소 90일 이상 근무한 노동자들은 최대 주 40시간까지 기존 급여의 80%를 1년간 받을 수 있다. 직원이 15명 이상인 기업 대상

이탈리아 패션, 섬유 산업의 세계 점유율

산업 분야	세계시장 점유율		순위	
	2011년(%)	2007년 대비(%)	2011년	2007년
모사, 모직물	29.3	−1.8	1	1
면사, 면직물	4.9	−3.3	6	4
실크	14.9	−3.5	2	2
홈웨어	1.2	−0.5	15	10
의류	6.9	−1.0	2	2
니트	4.0	−0.6	5	3
양말류	10.1	−3.9	2	2

출처 : SMI를 바탕으로 한 UNCATD의 자료

TIP 이탈리아 정식

이탈리아 사람들에게 초대를 받는 경우 2~3시간씩 걸리는 식사 시간이 부담스럽다고 많이들 이야기하는데, 한국과 달리 자리를 옮겨 술을 마시는 소위 2차 문화가 없기 때문에 비교적 긴 시간 동안 식사를 하며 예의를 갖추어 즐기는 것이 이들 고유 문화이다. 회사에서 회식을 하는 경우에도 한국 사람들은 회사에서 일을 하다가 식당으로 바로 가지만, 이탈리아 사람들은 대부분 집에 가서 씻고 만찬에 어울리는 정장으로 갈아입고 온다.

저녁 식사 코스는 가벼운 술과 대화로 시작한다. 식사를 하기 전에는 입맛을 돋구어 주는 스푸만테(Spumante) 혹은 프로세코(Prosecco) 등 식전주를 마시며 20~30분을 대화로 보내는 것이 보통이다. 식당에서 바로 만나기도 하지만 근처 바에서 만나 식전주를 마시다가 식당으로 이동하기도 한다. 늦은 저녁 식사인 경우 아페리티보(Aperitivo)라고 하여 5~10여 가지 간단한 음식과 함께 음료혹은 식전주를 마신다.

정식일 경우 먼저 전식인 안티파스토(Antipasto)를 먹는데, 소화에 부담이 안되고 입맛을 돋우는 요리가 많다. 그다음은 프리모로 파스타(리조또, 스파게티같은 곡물 요리)를 먹는다. 그다음은 메인요리인 세콘도(Secondo)로 육류나 생선류 등이 나오고 이후 후식인 돌체(Dolce)를 먹는다. 물론 프리모부터는 그날의 요리에 적합한 와인을 곁들이고, 후식을 먹은 후에는 식후주인 30도 이상의 독주 그라빠, 미르토, 리몬첼로 등을 한잔 마신다.

정식으로 전체 코스를 다 먹는 경우 식전주, 와인, 식후주 세 가지의 술을 마시고, 음식은 안티파스토, 프리모, 세콘도, 돌체 등 네 가지 음식을 먹는다.

그러나 이렇게 긴 코스를 정식으로 다 먹는 경우는 드물고 안티파스토와 세콘도, 또는 프리모와 세콘도 정도를 먹는 것이 대부분이다. 자신의 취향이나 식사량에 따라 전체 코스 중 한 가지 정도는 건너 뛰는 것이 일반적이다.

이탈리아는 세계에서 손꼽히는 장수국 중 하나이다. 이곳 사람들의 장수는 음식 덕분이라는 기사를 본 적이 있다. 이탈리아 요리에 많이 사용되는 올리브 오일과 토마토 소스, 치즈는 모두 건강에 좋은 재료들이고 식사 중 마시는 적당한 와인도 건강에 도움이 된다. 이탈리아 경제가 어려운 와중에 유일하게 성장하는 산업이 식품 산업이다. 2015년 5월부터 열리고 있는 밀라노엑스포는 식품을 테마로 진행이 되는데, 이를 계기로 이탈리아 식품 산업이 더욱더 발전하게 될 것으로 보인다.

　이탈리아 음식은 한마디로 '자연주의'로 요약할 수 있다. 대부분의 음식이 인공조미료를 사용하지 않고 되도록 재료 본연의 맛을 살리는 방향으로 요리한다.

　이탈리아 사람들의 일상적인 식생활을 살펴보면 아침식사는 대부분 카푸치노에 브리오시 하나 정도이다. 사람에 따라 커피 대신 스프레무따(Spremuta, 신선한 과일 주스)를 마시기도 한다. 대부분 출근길에 바에 들러 간단하게 아침을 해결한다. 중식은 파스타 하나나 다양한 종류의 파니노를 주로 먹는다. 파니노는 치즈, 살라미, 프로슈토, 야채 등을 빵 사이에 넣어 샌드위치처럼 만든 것을 말한다. 간단한 아침과 점심에 비해 저녁은 정식이고 만찬이다. 집에서는 간단하게 한두 가지 요리를 먹으며 해결하지만 외식을 하는 경우 보통 정식으로 코스 요리를 먹는다.

간단하지만 구색을 갖춘 이탈리아식 식사

밀라노 두오모 성당 옆 리나센테 백화점 꼭대기에 있는 운치 있는 바

1 먹음직스러운 스파게티
2 맛있는 요리의 기본이 되는 신선한 새료들
3 이탈리아인들도 즐겨먹는 생선회(카르파치오)
4 야채와 해산물이 어우러져 입맛을 돋우는 카탈라나
5 보기만 해도 달콤한 디저트

02

이탈리아의
패션,
왜 강한가

"이탈리아의 패션은
지속성, 탐구
그리고 신뢰를 대변한다."

루이지 라르디니

이탈리아의 섬유 패션 산업이 국가 기반 산업으로 성장할 수 있었던 가장 큰 요인은 소프트웨어와 하드웨어의 적절한 조화 때문이다. 이탈리아는 창의성, 대대로 내려온 장인정신, 유연한 중소기업, 이들의 판매를 뒷받침해 주는 다양한 전시회, 이탈리아 전역에 품목별로 집적화되어 있는 최고의 공장, 그리고 정부의 적절한 제도를 통한 지원 등으로 현재 패션 강국의 위치를 유지하게 된 것이다.

통상 선진국으로 진입하게 되면 젊은이들이 3D^{지저분하고, 어렵고, 위험한} : Dirty, Difficult, Dangerous 업종을 기피하고 서비스업에 몰리는 현상이 일어나 제조업 등의 생산 현장에 노동력이 고갈되기 마련이다. 그러나 이탈리아는 정부나 기업, 단체들이 운영하는 전문학교, 직업학교를 통한 인력 양성을 꾸준히 하고 있다. 또한 이탈리아는 취업보다는 창업이 더 쉬운 중소기업 중심의 제도를 운영하고 있기 때문에 좋은 아이디어나 역량만 있으면 개인이 쉽게 창업할 수 있다. 이런 이탈리아 특유의 법과 제도들이 때로는 기업 경영에 장해 요소가 되기도 하지만 중소기업 중심의 패션 강국 이탈리아를 만들고 유지하는 데 도움을 주는 것도 분명해 보인다. 이탈리아가 패션 강국으로 지금까지 유지되는 이유를 찾아보자.

"Italian fashion represents continuity, research and reliability."

Luigi Lardini

장인정신

"사람은 태어나면 서울로 보내고 말은 제주도로 보내야 한다."는 옛말처럼 한국은 대도시에서 공부해서 출세를 해야 한다는 사고방식이 기저에 깔려 있다. 반면 이탈리아인들은 대부분 태어난 동네에서 평생 살며 부모가 하는 일을 이어받는 것이 보통이다. 고향을 떠나 대도시로 가는 일은 남부 이탈리아 사람들이 가난을 피해 북부 이탈리아에 취업을 하러 가는 정도고, 대부분은 거의 이동 없는 생활을 한다. 이탈리아 대기업들의 본사 역시 로마나 밀라노 같은 대도시가 아닌 지방 중소도시에 있는 경우가 많다. 밀라노에는 쇼룸이나 영업사무소를 두고 운영하고, 창업자가 태어나 사업을 시작한 곳에서 주변 동네 사람들과 함께 기업을 운영하며 살아간다. 관련 기업들을 방문해 보면 주변 동네 사람 대부분이 같은 회사에서 근무하기 때문에 동네 자체가 그 회사이자 브랜드화되어 있는 경우가 많다. 부모의 직업을 천직으로 여기며 이어가는 경우가 많다 보니 기본 수십 년씩의 노하우가 쌓여 가족이 전문가 집단이 되고, 그들의 독자적 기술이 접목된 상품이 자연스럽게 개발이 되며, 이런 것이 쌓여 '메이드 인 이탈리아'가 만들어진다. 중세 이후부터 길드[2] 제도를 통해 이어져 내려온 전통 기술과 이러한 구조를 바탕으로 한 가족 중심의 경영은 오늘날 장인정신을 기반으로 한 이탈리아 패션 제조업의 근간이 되고 있다.

세련된 미적 감각과 탁월한 손재주를 가진 이탈리아인들은 그들끼리도 마에스트로[거장]라고 부르는 것을 즐긴다. 마에스트로란 일반적으로 예술가적인 감각과 세공 기술자의 정밀한 기술을 두루 보유한 사람을 칭한다. 이렇듯 오랜 기간 이어져 내려온 가내 수공업의 전통은 핸드백, 가구, 고급 의류 등 고품질 정밀세공품 산업에서 더욱 그 진가가 발휘되고 있다.

유연한 중소기업

이탈리아는 높은 세금, 강력한 노조와 노동법, 정부의 지원 정책 등으로 중소기업이 발전하기에 좋은 환경을 갖추고 있다. 특히 섬유, 패션 산업은 10인 이하의 소기업이 많은 편인데 공장이나 기업 상호 간 역할을 나눠서 담당하거나 서로 협력하는 방식으로 중소기업 중심의 산업을 유지·발전시켜 가고 있다.

19세기 말 이탈리아의 산업화는 자동차 기업인 피아트를 비롯한 일부 대기업에 의해 시작됐고, 제2차 세계대전 이후에 본격적으로 진

---

2 길드(Guild): 유럽 중세시대에 상공업자 사이에 결성된 조합을 말하는데 상인길드와 수공업길드가 있고, 제품의 품질, 규격, 가격 등을 길드에서 엄격히 통제 관리했다. 권한이 너무 강해 자유로운 경제 활동을 어렵게 한 폐단도 있었지만 도제를 통한 기술 전수 등 모든 활동에서 품질 기준을 정립해 장기적으로 공존 공영할 수 있었다.

행되었다. 1950년대에는 중소기업 중심으로 경제 발전이 이루어졌지만 1960년대 유럽 전역에 경제적인 호황 바람이 불며 대기업이 중소기업을 인수 합병해 중소기업의 수가 줄어들기도 했다. 그러나 경제가 급성장하자 1960년대 말 이후 사회복지에 대한 요구가 증가되어 근로자의 파업 및 노사분규가 심화되었고, 노사분규 해결방안의 하나로 다시금 중소기업 설립 붐이 일어났다. 이로 인해 대기업과 중소기업 간 또는 중소기업 상호 간 분업이 강화됐고, 1980년대 초 중앙 및 지방정부의 적극적인 중소기업 육성 정책에 힘입어 중소기업의 경쟁력이 더욱 강화되었다.

이탈리아의 섬유 의류 산업을 이끌어 가고 있는 기업들 역시 중소기업이 대부분이다. 이들은 규모가 작음에도 불구하고 국제적인 경쟁력을 갖고 있다. 이러한 요인 가운데 하나로 기업 간의 분업 관계를 들 수 있다. 네트워크로 연결되어 있는 중소기업들은 자금력이나 마케팅 능력의 부족을 기업 간 협업을 통해 극복할 수 있고, 개별 기업의 장인정신을 바탕으로 한 기술력, 중소기업만의 장점이라 할 수 있는 유연성을 최대한 발휘할 수 있다. 급변하는 환경 속에서도 소비자가 원하는 상품을 빠르고 정확하게 파악해 최고의 기술로 만들어 시장의 요구에 신속하게 대응하는 것이다. 이러한 점이 중소기업 중심인 이탈리아 섬유, 의류 산업의 경쟁력의 원천이다.

지역별 산업 클러스터

이탈리아 섬유, 패션 산업의 또 다른 특징을 들면 생산 공장이 지역별로 특화되어 있다는 점이다. 이탈리아는 중세시대 이래 도시국가 형태를 유지하며 지역 중심의 문화와 경제를 유지해 왔다. 이탈리아라는 하나의 국가로 통일이 된 지 150여 년이 지난 지금도 여전히 지역주의는 정치, 경제, 사회, 문화 전반에 뿌리 깊게 남아 있다.

특히 지역주의가 바탕에 깔린 축구 경기에 대한 응원전은 거의 전쟁 수준이다. 이 때문에 이탈리아에서는 응원단끼리의 심한 충돌에 대한 기사를 심심치 않게 접할 수 있다. 이런 환경 속에서 공장이나 중소기업들이 서로의 필요에 의해 특정한 지역에 모여들기 시작했는데, 동종 및 유사업종 그리고 이를 지원하는 각종 서비스 업종이 서로 협동과 경쟁을 통해 발전을 해 나가고 있으며, 규모가 작아 자체적으로 수직 통합 생산 체제를 구축하는 것은 어려우므로 서로 역할을 나누어 분업 생산을 하게 되었다.

이들은 협업, 분업, 인력 교류, 해외 및 신규시장 개척, 공동 연구 개발 등 여러 형태로 함께하며 시너지를 창출하고 있다. 이런 형태의 특화된 산업 클러스터가 이탈리아 전역에 200여 개가 존재한다. 그중 가죽 제품을 포함한 섬유, 패션 관련 산업 클러스터도 60여 개가 있는데 처음에는 중소기업들의 자구 노력의 일환으로 생겨났지만 효과적인 협업을 위해 협동조합을 만들고 정부의 적절한 중소기업 지원 정책 등에 힘입어 이탈리아 전역에 자리를 잡게 되었다.

이런 지역 산업 클러스터가 지속적으로 발전하게 된 이유를 살펴보자. 첫째, 원부자재업체와 생산업체들이 서로 유기적인 보완 관계를 유지한다는 점이다. 각 제조공장에 필요한 원부사재를 만드는 업체들은 서로 근거리에 위치하여 수급에 필요한 시간과 비용을 절감할 뿐만 아니라 상호 간의 구매로 상승효과를 일으켜 균형 있는 발전을 가능하게 한다.

둘째, 수평적 기술 이동 및 정보 교류다. 클러스터 내 대부분 기업은 친지나 지인 관계로서 새로운 정보나 기술은 신속한 속도로 전파된다. 즉, 동종기업 간의 신기술 개발 및 공정 개선에 관한 정보가 모든 관련 분야로 신속히 전파되는 시스템이다. 예를 들어 원료의 수급 동향 정보는 원사업체로, 원사의 정보는 원단업체로, 원단업체의 정보는 의류업체와 섬유기계업체로 그리고 관련 분야 은행 및 해당 지역 산업위원회 혹은 조합으로 전파되어 서로 유기적인 지원과 협동을 하게 된다. 따라서 어느 특정 지역이 클러스터로서 성공을 거두고 있다면, 이는 모든 관련 분야가 서로 힘을 합친 결과라고 생각해도 좋다.

셋째, 관련 분야 전문가의 지속적인 양성을 들 수 있다. 각 지역마다 관련 분야의 발전을 위한 필수 조건이라 할 수 있는 전문인력 양성교육시설을 운영하는 경우가 대부분이며, 각 기업체는 교육기관과 협력하여 채용 정보를 공유함은 물론 각 기업체마다 자체 교육 프로그램을 개발해 꾸준히 인력을 관리하고 있다. 기업의 신규 채용 인력도 주변이나 동네 사람인 경우가 많아 교육과 기술 전파도 상대적으로 잘 이루어지는 편이다.

이에 대한 자세한 내용은 제7장에서 별도로 정리해 보겠다.

창의력

1500년간 번성한 로마제국의 역사, 전세계 가톨릭 신자를 통치하는 로마교황청, 인류의 문화 역사를 바꾼 르네상스까지, 서양 문화 원류의 후손으로서 이탈리아인들은 선천적으로 빼어난 미적 감각을 타고났다. 문화적 · 예술적 전통이 풍부한 환경 속에서 살아가면서 자연스럽게 창의성이 몸에 배었다고 볼 수 있다.

게다가 이들은 한국과는 너무나 다른 창의적인 교육 시스템에서 자란다. 이탈리아의 교육은 특히 유아 교육에서부터 돋보이는데 몬테소리Montesori 교육 시스템은 전세계에 널리 알려져 있고, 한국에도 전파가 되어 있다. 우리 아이들도 처음 이탈리아에 도착하여 이탈리아 학교를 다녔다. 아이들이 기억하는 이탈리아의 초등학교는 한국과는 달리 놀이와 즐거움이 있는 곳이라고 했다. 15명 전후의 학생에 담임선생님은 1.5~2명으로 철저한 개별 관리와 관심 속에서 교육을 받는다. 이탈리아 초등교육의 가장 중요한 원리는 바로 '내가 남과 어떻게 다른가?'를 깨우쳐 주는 것이다. 이런 환경에서 배우고 자라니 창의성이나 예술성이 자연스럽게 배양될 수밖에!!

이탈리아의 학제는 한국과 차이가 있다. 유치원을 마친 후 초등학교 5년, 중학교 3년, 고등학교 5년이다. 고등학생이 되면 공부를 하지 않고는 따라갈 수 없을 정도의 수업과 과제의 강행군이 5년간 계속된다. 학년마다 유급자 비율이 전체의 20% 전후 수준이다. 이탈리아 국민 전체를 봤을 때 고등학교 졸업자 비율은 50%에 채 못 미친다. 학력이 필요 없는 취업 환경도 많은 영향을 주었겠지만 이탈리아에서는 한국에서처럼 공부에만 전념하는 학생이나 학부모를 찾아보기 어렵다. 이탈리아인들은 공부를 하기 싫어하거나 못하는 학생에게는 다른 잘하는 것을 찾아주는 것이 학교와 부모의 역할이라 생각한다.

이탈리아에서 대학은 학문의 전당이다. 한국처럼 누구나 다 가야하는 곳이라는 생각은 없지만 대학교를 졸업한 사람은 명함에 도또레Dottor, 남자 혹은 도또레씨Dottoress, 여자라고 새기고 다니며 씨뇨르Signor, Mister보다는 도또레라고 불러 주는 것을 좋아한다. 이탈리아 국민의 대졸자 비율은 20%가 채 되지 않는데, 다른 나라에 비해 대학 교육이 너무 어렵게 진행이 된다고 판단한 정부에서 10여 년 전에 5년제였던 학사 과정을 3년만 공부하는 단기 과정을 만들었다. 최근 학문에 굳이 큰 뜻이 없는 젊은이들은 대부분 이 단기 학사 과정을 졸업한다. 실제 대부분의 영국 대학교도 유학생이 공부해야 하는 파운데이션 코스Foundation course를 빼면 일반 학사 과정은 3년제이다. 국제 기준을 받아들인 것으로 이해하면 될 듯싶다. 물론 건축이나 의대 같은 전문 과정은 다르다. 예술과 관련된 회화, 조각, 장식, 미술, 패션 등은 대학교육 과정도 있지만 주로 전문학원에서 가르친다. 즉, 산업이나 미술 계통의 디자인 관련 인력 양성은 철저한 실기교육 중심의 전문적인 사립학교에서 주로 이루어지고 있으며, 현장 위주의 교육으로 졸업 후 바로 해당 분야에서 인적 자원화될 수 있다는 강점이 있다.

이탈리아 패션학교의 교수법은 철저히 자율적이어서 학생 스스로가 노력하는 만큼 그 결과를 얻게 되기 때문에 특정 학교를 졸업했다고 해서 비슷한 수준을 갖추고 있지는 않다. 또한 유명 기업들과 인턴십 프로그램을 개설하여, 과정이 진행되는 동안 지속적인 산학협동이 이루어지며 졸업 후 이러한 인력들의 취업 자리를 제공하고 있다.

이탈리아의 모든 패션 관련 업체는 단순 하청 생산이 아니라 자체적인 상품 기획력을 가지고 매 시즌 자체 컬렉션을 개발한다. 즉, 원단업체에서부터 완성품업체, 부자재업체들이 시즌마다 새로운 아이디어를 활용하여 상품을 개발해서 브랜드나 바이어들에게 제안한다. 이러한 아이디어들을 바탕으로 브랜드에서는 새로운 시즌의 상품을 디자인하고 기획하는 것이다. 이런 사업 환경 때문에 창의력이 없는 사람은 사업을 운영하거나 유지해 나가기 어렵다.

다양한 전시회

밀라노, 피렌체, 볼로냐를 비롯한 이탈리아 여러 도시에서 연중 계속되는 전시회는 이탈리아 섬유 패션 산업의 가장 큰 강점 중 하나이다. 이탈리아의 전시회와 다른 유럽의 전시회와의 가장 큰 차이점은 이탈리아의 전시는 생산자 중심의 전시인 데 반해 다른 나라의 전시에는 생산자는 거의 없이 전시회 자체가 사업화되어 전시자와 관람자를 같이 유치한다는 점이다.

원사에서부터 원단, 남성복·여성복·속옷·수영복·아동복·결혼예복·신진 브랜드 등의 의류, 원피·모피·가방 및 가죽 제품, 안경, 신발과 같은 액세서리에 이르기까지 의류·패션과 관련된 각종 다양한 전시회가 연중 내내 열린다.

원단 전시회 전경

　전시회에 참여하는 생산자의 입장에서 볼 때 전시회 참가 목적은 고객들에게 자신들의 제품이나 새로운 컬렉션을 선보이고 수주를 받아 판매를 하는 것이지만, 전시회 기간 동안 전세계 각지에서 참가하는 바이어, 관련 업계 종사자들에게 회사 및 제품을 쉽고 빠르게 알릴 수 있는 홍보 기회가 되기도 한다. 전시회에 참가하는 기업들은 전시회 결과에 따라 시즌 영업의 성패가 좌우되므로 전시되는 제품

원단 전시회에 출품된 제품

가죽 전시회인 Lineapelle에 출품된 제품들

의 컬렉션은 물론 트렌드 파악, 환율 추이, 경쟁사의 분석과 판매 전략 수립 등 철저한 준비를 한다.

섬유 패션업계 종사자들은 이런 다양한 전시회를 통해 각종 정보는 물론 자재 및 완제품의 소싱이나 정보를 교환함으로써 더욱 경쟁력 있는 상품을 만들 수 있다. 전시회에서 원하는 상품을 구매하는 것 외에도 트렌드 전시관 및 각종 잡지사의 스탠드 등을 통해 다양한 정보 및 아이디어들을 얻을 수 있다.

이탈리아에서 열리는 전시회는 피티 워모처럼 입장권을 구매해야 입장이 가능한 전시회, 밀라노 우니카의 신사복 원단 전시회인 이데 아비엘라처럼 철저하게 초청된 바이어들에 한해서만 입장이 가능한 경우도 있으나 대부분의 전시회는 바이어를 비롯해 중소 규모의 도소매업자, 관련 업체 시장 조사자, 기자, 디자이너, 패션 관련 학교 학생 등 누구에게나 입장이 허용된다.

전시회가 계속 유지된다는 것은 경쟁력을 보유했다는 것을 뜻한다. 이탈리아의 원단 전시회를 예를 들어보자. 그동안 개별적인 경쟁력을 가지고 비슷한 업체들이 모여 전시회를 운영했었지만, 프랑스 파리에서 열리는 프레미에르 비종Premier Vision에 밀려 원단 전시회 방문객이 줄어들자 이데아 비엘라, 모다인, 셔츠애버뉴, 프라토엑스포 등을 하나로 합쳐 밀라노 우니카Milano Unica라는 전시회를 만들었다. 밀라노, 코모, 피렌체 등에서 개별적으로 열리던 전시회를 하나로 합해 밀라노에서 3일간 전시회를 개최하는데 원래는 4일간 개최되던 전시회였으나 효율을 생각하여 하루를 줄였다. 경쟁 전시회를 감안한 이런 움직임은 전시회도 비즈니스의 원리가 작동되는 것임을 보여주는 사례다. 전문가들을 위해 이탈리아 전시회에 대한 내용은 부록에 별도로 정리해 두겠다.

TIP 이기주의와 파업

이탈리아를 처음 방문하는 사람들이 느끼는 첫인상 중의 하나가 도시가 지저분하다는 것이다. 건물 곳곳에 그려진 낙서, 길바닥 어디에서나 볼 수 있는 휴지나 담배꽁초는 한국에서 그리던 이탈리아의 모습과는 거리가 멀다. 그러나 이탈리아인의 집 안을 들여다보면 상황이 다르다. 고급스러운 집기로 잘 꾸며진 깨끗하게 정돈된 집에서 산다. 모두가 그렇진 않겠으나 많은 이탈리아인들은 공공의 것은 자신의 소유가 아니어서 귀중하지 않다고 생각하고 방관하는 경향이 있다.

시내를 운전하고 다니다 보면 곳곳에서 이중 주차가 되어 있는 장면을 보게 된다. 이들은 자신들의 개인 용무로 인해 다른 사람이 불편해하거나 차가 막히는 것도 별로 개의치 않는다. 워낙 오래된 도시이다 보니 근본적으로 시내에 주차 공간이 부족해서 생기는 문제일 수도 있지만, 이런 행동들은 그들의 사고방식이나 생활습관에서 기인하는 것이다. 처음에는 너무 황당해서 경적도 울리고 항의도 했지만 시간이 흐르자 어느새 똑같이 행동하고 있는 나를 발견한다.

보행자들은 시내 어느 길에서나 편하게 무단횡단을 하고, 운전자들은 대부분 사람이 지나갈 때까지 멈춰 기다린다. 다혈질에 과격한 운전자들도 보행자만큼은 보호하는 것이 암묵적인 룰이다. 특히 신호등이 없는 교차로를 회전하는 차량들이 차례차례 순서를 지켜 운전하는 모습은 무질서 속 질서를 느끼게 한다. 전세계에서 무질서로 둘째가라면 서러울 나라지만 그들에 섞여 지내다 보면 이런 무질서 속에도 그들 나름의 기준이 있는 것을 알게 된다.

이탈리아에는 직업이나 업태 간의 장벽이 많다. 이 장벽의 가장 큰 원인은 법으로 관련 업종의 과다 경쟁을 방지하기 위해 쿼터를 정해 두고 신규 진입을 어렵게 만들었기 때문이다. 가령 식당도 인구 몇 명당 몇 개의 개념으로 정해 두었기 때문에 식당을 하고 싶다고 아무나 식당을 할 수 없다. 식당을 하려면 기존 식당 주인을 통해서 식당 면허를 구매해야 한다. 택시도 숫자가 정해져 있어 로마, 피렌체, 밀라노 등 대도시의 개인택시 자격증 거래 가격이 20만 유로가 넘어 간다. 그뿐만 아니라 직업도 세습되는 시례기 많은데, 이딜리나에서 변호사의 상위에 존재하며 소득이 가장 높은 공증인은 업태 자체에 장벽을 쳐놓은 경우다. 최소 사무실

규모가 500m㎡를 유지해야 하기 때문에 부모나 친지, 지인으로부터 기존 고객들의 인계 없이 개인 자격만 믿고 사무실을 열어 운영하고 유지하기란 거의 불가능에 가깝다.

약국은 부모가 약국을 운영하다 사망할 경우 자식이 약사 면허증이 없더라도 10년 간 부모의 약국을 운영할 수 있다. 이런 제한된 환경에서 보호 받아 온 사업들이 많다 보니 나라 전체의 국제적인 경쟁력은 떨어질 수밖에 없다.

기득권을 갖고 있거나 유지하고픈 이들은 자신의 이익이나 집단의 이익 유지 및 확보를 위해 실력행사를 하는데 그것이 파업이다. 과장해서 말하자면 이탈리아에서의 파업은 일상생활이다. 수시로 대중교통이나 철도 등 운송수단기관이 파업을 하면 직원들을 조기 퇴근시키는 경우가 많은데, 그나마 다행인 것은 완전 파업이 아니라 대부분 시간을 정해 두고 파업을 하는데, 예를 들면 9시부터 12시, 3시부터 6시까지는 운행을 하고 나머지 시간을 파업하는데 심각한 이슈가 아니면 보통 하루 정도만 진행한다. 특히 경기가 어려워진 요즘 파업은 더욱더 빈번해지는 추세로, 2013년에는 2,339번의 파업이 있었다. 그러나 이탈리아 시민들은 자신들의 권리나 의사 표현을 위한 파업을 그렇게 비난하지도 않는다. 이렇게 파업을 할 경우 30% 정도는 실제로 개선되는 효과가 있기 때문에 이를 당연한 권리 행사 정도로 여기고 불편을 감수하는 편이다.

이탈리아 패션 섬유업계가 당면한 과제

가짜도 팔고

중저가 브랜드를 제외한 대부분의 이탈리아 업체들은 워낙 제조업에 강점이 있어 2000년대에 와서야 해외 생산 소싱을 시작했다. EU 가입 후 물가 상승 및 인건비 상승으로 점점 제조 경쟁력이 떨어져 폐업하는 공장이 많아지면서 어쩔 수 없는 생존 차원에서 진행된 현상이다. 그렇기 때문에 오래전부터 해외로 생산기지를 옮기며 생산 기반을 다져온 다른 국가와 저임금 생산국들에 비해 소싱 경쟁력은 떨어지는 편이다.

해외에서 생산한 제품을 이탈리아 내에서 마무리 작업만을 하고 'Made in Italy' 라벨을 다는 경우가 있다. 혹은 아예 처음부터 해외 생산을 하고서도 바이어가 원할 경우 'Made in Italy' 라벨을 달아서 판매하는 경우를 자주 본다. 공장에서 스스로 책임지고 이렇게 해 준다는데 굳이 거부하는 바이어를 찾아보기는 힘들다. '메이드 인 이탈리아' 제품을 파는 사람들 스스로 '메이드 인 이탈리아'의 가치를 떨어뜨리고 있는 것이다. 이런 불법적인 활동에 대한 반발로 비엘라의 원단업체들이 'Made in Biella', 그리고 피렌체 가죽 봉제업체들이 'Made in Firenze' 표기를 단 라벨로 판매하는 것을 추진하기도 했다. 그러나 국제 상거래상 원산지 표기를 국가명으로 해야 하는 관계로 두 개의 라벨을 같이 달고 판매하는 방식을 추진했으나 큰 효과를 얻지는 못했다.

존경심은 떨어지고

최근 이탈리아의 많은 공장에서 중국이나 동유럽 출신의 외국인 근로자 비율이 높아지다 보니 소비자가 느끼는 '메이드 인 이탈리아'의 가치는 예전만 못하다. 또한 이탈리아 브랜드라도 중국이나 동남아시아, 동유럽 등에서 생산한 제품을 판매하는 것에 큰 고민을 하지 않는다. 소비자들도 의류에서는 굳이 원산지를 따지지 않는 경향이 많이 나타나고 있다. 아직 가죽제품이나 액세서리 등에 대해서는 '메이드 인 이딜리아'에 내한 존경심이 높이 남아 있고 그 가치를 소비자들이 지불하고 있지만 이것도 언제까지 지속될 것인지는 의문이다.

2013년 이탈리아 청년 실업률이 42%라는 통계가 나왔다. 그러나 이탈리아도 젊은이들이 제조업보다는 서비스업을 선호하고, 제조업 현장에서 적합한 젊은 인력을 찾기 어려운 환경이며, 봉제 및 생산 인력들이 점차 노후화되고 있는 것도 이탈리아 패션, 특히 '메이드 인 이탈리아'의 가장 큰 문제점이라 할 수 있다. 이로 인해 '메이드 인 이탈리아'의 가장 큰 강점 가운데 하나인 장인정신을 바탕으로 한 생산 기반이 약해지고 있는 상황이다.

경쟁력도 떨어지고

이탈리아 패션시장에는 미국이나 아시아 지역에서 흔히 찾아볼 수 있는 중가 혹은 중저가 패션 지향의 브랜드들이 비교적 적은 편이다. 그동안 승승장구하던 콘비펠Conbipel, 피아짜 이탈리아Piazza Italia 등의 이탈리아 SPA[3] 브랜드들은 2002년 이탈리아 시장에 진출해 큰 성공을 거둔 스페인의 Zara나 H&M, Mango 등의 글로벌 브랜드들에 시장을 완전히 잠식당하고 있다. 가격, 품질, 트렌드 등 모든 면에서 이들에 뒤처진다는 것이 시장의 평가이고 소비자의 선호에서 떨어지다 보니 이들 글로벌 브랜드들은 이탈리아 시장에서 큰 어려움 없이 사업을 확장해 나가고 있다.

한국의 경우 전세계적인 SPA 트렌드를 보고 많은 국내기업이 SPA 사업에 진출했고 여전히 새로운 국내 SPA 브랜드가 만들어지고 있

---

3 SPA는 Specialty store retailer, Private label, Apparel brand의 약자로 상품기획부터 생산, 유통, 판매까지 직접 본사에서 다 관리하는 브랜드를 말하는데, '패스트(fast) 패션'이라고도 한다. 직접 대형 소매 매장을 운영하기 때문에 여러 단계의 유통을 거치는 브랜드보다 비용을 절감할 수 있고, 보다 저렴한 가격에 제품을 공급 판매할 수 있다. 저가 중심으로 소비자의 욕구와 트렌드를 정확하고 빠르게 반영하여 대량생산을 통한 원가 절감을 하는 것이 사업의 핵심이다.

다. 하지만 이탈리아를 보면 기존에 잘 자리 잡고 있던 토종 브랜드도 글로벌 SPA에 밀려 경쟁이 안 되는데, 글로벌 SPA가 선진출하여 시장에 자리 잡은 상태에서 이들과 경쟁을 통해 살아남을 한국 브랜드가 있을지 의문이다.

이탈리아에는 약 9만 개의 패션업체 구체적으로 말하면 7만 5천 개의 직물·의류업체, 1만 5천 개의 가죽업체가 존재한다. 이 중 3/4에 달하는 업체가 10명 이하의 종업원이 일하는 소기업이고, 전체 기업의 2% 정도만 50명 이상이 일하고 있다. 소규모 기업들로 이뤄진 구조는 적응력과 순발력이 좋다는 장점이 있지만, 침체기에는 스스로 돌파구를 찾기 어렵기 때문에 쉽게 전업이나 폐업에 직면하게 된다.

무언가 새로움을 보여주어야 할 때

이탈리아 경제는 2000년대 들어 지속적인 정체 상태다. 패션 산업 전체적으로 보아도 이탈리아는 2000년 이후 이렇다 할 젊은 스타 디자이너나 브랜드를 만들어 내지 못하고 있다.

1970년대 고성장 시절의 인력이 모든 권한을 움켜쥐고 후배를 양성하지 않고 시장에 안주하여 이런 현상을 초래했다는 말도 있다. 이런 불평과 자성으로 몇 년 전부터 신진 디자이너를 양성하기 위해 다양한 지원 활동을 벌이고 있지만 아직 큰 성과는 나오지 않고 있다.

당연히 밀라노 컬렉션이 세계의 중심이던 시절에 비해 밀라노를 찾는 방문객의 숫자는 많이 줄었다. 최근 이탈리아 방문은 생략하고 이탈리아 브랜드를 파리에서 구매하는 바이어들도 점점 증가하는 추세다. 필자도 밀라노에서 여성복 브랜드 사업을 운영할 때 매시즌 파리

호텔을 빌려 일주일간 영업을 했었는데, 밀라노 쇼룸 영업 실적과 파리 영업 실적이 거의 비슷했던 기억이 있다. 뉴욕이나 파리는 필수 방문지지만 밀라노는 건너뛸 수도 있다고 고려되는 상황은 이탈리아 패션 산업에 적신호가 아닐 수 없다. 이들을 어떻게 다시 밀라노로 돌아오게 만들 것인지 많이 고민하고 노력해야 할 상황임이 분명하다.

TIP 정치도 행정도 4류, 기업은?

1995년 베이징에서 삼성의 이건희 회장이 "기업은 2류, 행정은 3류, 정치는 4류"라고 말해 한국 사회에 파문을 던진 적이 있다. 물론 기업의 분발을 위한 발언이었지만 정치권은 발끈했고, 삼성은 이를 진화하느라 꽤 고생을 했었던 것 같다. 그러나 이 발언은 국내에서 많은 사람이 고개를 끄덕인, 말 한번 잘했다고 속 시원해했던 이야기였었다.

그런데 이탈리아의 정치 상황은 이건희 회장이 4류라고 한 우리나라보다도 못해 보인다. 이탈리아는 1945년 제2차 세계대전 후부터 전후 최연소 수상이라는 지금의 마테오 렌치 총리까지, 69년 동안 64차례 총리가 바뀌었다. 거의 매년 새로운 총리가 나라를 이끌어 온 것이니 이런 불안정한 정치가 만든 정책들이 얼마나 효과적으로 제대로 작동이 되었을지 의문이 아닐 수 없다.

이탈리아에서의 삶은 완전한 양면성을 갖는다. 천혜의 자연 환경과 전국 방방곡곡에 흩어져 있는 2천년 역사의 문화재들은 이탈리아에서의 삶을 풍성하게 만들어 준다. 그러나 5성 호텔을 제외하고는 거의 구경하기 힘든 서비스, '빨리빨리' 문화가 익숙한 한국인의 인내심을 테스트하는 느리고 비효율적인 공공서비스까지, 현실생활은 외국인에게 감내하기 어려운 환경이다.

필자가 처음 밀라노에 정착하기 위해 관공서나 경찰서, 우체국 등의 업무를 본 기억은 지금 되돌아보아도 울화통이 터진다. 지금은 우편을 통한 접수 등 제도가 일부 개선되었지만 처음 정착 시 체류허가증을 만들기 위해 경찰서에서 몇 시간씩 줄을 서서 기다리거나, 우체국과 은행에서 세금을 내거나 편지를 부치려 하더라도 보통 한두 시간 기다리는 것이 다반사였다. 슈퍼마켓 계산대에서도 고객의 줄이 아무리 길어도 계산원들은 옆사람과의 수다를 멈추지 않으며 개인적인 전화

통화도 당연하게 여긴다. 독수리 타법으로 어설프게 컴퓨터를 조작하는 모습 역시 우리가 감당하기 쉽지 않은 모습이다. 그러나 가장 최악의 경험은 우여곡절 끝에 체류허가증을 받아서 동사무소에 신고를 하러 갔을 때였다. 그날 4시 45분까지 근무를 한다고 하여 4시 30분에 도착하였다. 그런데 안에 사람은 있는데 입구 문은 잠겨 있고 문을 계속 두드리니 겨우 문을 열어 주면서 하는 말이 오늘 근무는 끝났다는 것이다. 시간도 아직 여유가 있어서 문에 적힌 근무시간을 지적하자 "지금 저기 대기하고 있는 사람들이 안 보이느냐? 이 사람들만 해도 초과 근무를 해야 한다. 내일은 더 일찍 오라."고 응대를 했다. 초창기 한국의 생활과 서비스에 익숙하던 나는 이 말의 의미를 도저히 납득할 수가 없어서 그 자리에서 어설픈 이탈리아어로 항의를 했지만 두 손을 들어올리는 제스처를 취하며 그저 자기 일만 할 뿐이었다. 사무실에 돌아와 이탈리아 직원에게 심하게 컴플레인을 했더니, 이 친구 왈 "그것이 이탈리아다. 이제 이탈리아를 조금씩 알아가는 과정일 뿐"이라고 했다.

이탈리아의 직장인이나 공무원 대부분은 해고가 불가능한 정년이 보장된 정규직이다. 모두가 그런 것은 아니겠지만 대부분 이탈리아 종업원들의 꿈은 직장에서의 승진이나 성공 같은 화려함이 아니라 정해진 시간 정해진 만큼의 일을 하고 가족들과 평화로운 생활을 유지하는 것이다. 요즘은 연금 개혁으로 일해야 하는 기간이 늘어나고 연금 수령액도 줄었지만 대부분 이탈리아인의 꿈은 펜시오나따(Pensionista, 연금 수령 생활자)다. 통상 13~14개월의 급여를 받는데, 12개월의 월급여에 6월 상여와 12월 상여를 받는다. 6월 상여로는 8월 여름 휴가를 즐기고, 12월 상여로는 크리스마스 휴가를 즐긴다. 부모 대대로 부유한 소수의 사람들을 제외하면 이탈리아인의 보통 삶은 젊은 두 남녀가 만나 동거나 결혼을 하면서 30여 년의 모기지론을 활용해서 집을 사는 것이다. 이탈리아인은 한국 사람들과 비슷하게 자신의 집을 많이 소유하고 싶어 하는 민족인데 전세계에서 자가 주택 소유비율이 87%로 가장 높은 나라 중 하나다. 한 사람의 급여는 모기지로 빌린 집값을 갚고 한 사람의 급여로 결혼생활을 유지한다. 그래서 이탈리아에서는 현재 연금생활자들인 노인들이 소비의 주체이다. 부모가 도와주지 않으면 30년 모기지가 끝날 때까지 혹은 35~40년 뒤 연금 수령을 할 때까지 삶의 질은 팍팍할 수밖에 없다. 이런 환경이 젊은이들의 독립을 늦추고 부모 집이나 근처에서 살게 만드는 이유이기도 하다. 이탈리아의 젊은이들은 유럽에서 부모 의존도가 가장 높고 독립이 가장 늦다.

강력한 노동법, 높은 세금 그리고 10년 이상 지속되는 장기 불황으로 수많은 기업들이 해외 자본에 매각되고 있다. 새로운 정부에서 기업하기 좋은 환경을 만들기 위해 많은 개혁과제를 만들어 추진하려고 하지만 정치제도, 연립정부의 한계 등으로 인해 아직 제대로 된 성과는 만들지 못하고 있다. 그러나 이런 와중에서도 여전히 이탈리아는 G7 중의 하나로 자리매김하고 있으며, 많은 이탈리아 기업이 전세계를 누비며 성과를 만들어 가고 있다. 기업을 운영하기 가장 어려운 나라 중의 하나인 이탈리아에서 성과를 내며 성장해 가는 이들 기업은 과연 몇 류라고 할 수 있을까?

03

이탈리아의
패션 체인
시스템,
그들이
일하는 법

"우아함은 감정과 놀라움 간의
비율 균형에 있다."

발렌티노 가라바니

좋은 아이디어만 있으면 누구나 패션 사업을 시작할 수 있는 곳이 이탈리아다. 이탈리아에는 패션 사업의 시작부터 끝까지 각각의 역할을 맡아서 수행하는 시스템이 있으며, 그 시스템들이 기능별로 체인처럼 연결되어 있다. 각 체인에서의 역할을 담당하는 사람이나 기업이 다양한 형태로 존재하며 전문적인 지식과 경험들로 무장하고 완벽한 역할을 수행하고 있다. 이 인력과 시스템, 기업들을 하나의 체인으로 묶어서 활용하게 되면 100% 아웃소싱으로 패션 사업을 창업할 수 있고, 운영할 수 있다. 이런 섬유 패션 업계 각각의 기반들을 이탈리아의 패션 체인 시스템이라 하며 이들에 대해 알아보고자 한다.

패션 체인 시스템

특정 아이템으로 사업을 시작할 경우 외부 디자이너에게 용역을 주거나 본인이 생각하는 아이디어로 디자인을 하게 된다. 완성된 디자인은 소재와 함께 생산 담당자에게 전달이 되고, 공장에서 몇 단계의 샘플 생산을 거친 뒤 전시용 세일즈맨 샘플 혹은 패션쇼용 제품으로 완성된다. 샘플은 브랜드의 수준이나 규모, 능력에 따라 다르지만 적게는 수십 개, 많게는 수백 개로 제작되어 영업을 대행해 주는 쇼룸이나 에이전트에게 맡겨 영업을 시작한다. 전세계 바이어들이 기존 제품을 구매하거나, 새로운 브랜드와 제품을 발굴하러 이탈리아를 방문한다. 그들은 브랜드와 직거래를 하기도 하지만 대부분 쇼룸을 통해 새로운 상품을 찾는다. 쇼룸을 통해 주문 받은 제품들의 최종 수주량을 취합하여 공장에 생산을 의뢰하고 이것이 완성되면 관련 바이어나 매장에 배송을 한다. 그렇게 몇 시즌을 거치고 나면 어느덧 중견 브랜드가 되는 것이다. 물론 많은 브랜드가 제대로 성과를 내지 못해 중간에 사라지기도 한다. 이탈리아에서는 보통 이런 홀세일 사업을 통해 700만 유로^{천만 달러} 수준의 매출을 달성하면 사업이 기업으로서 어느 정도 자리를 잡고 손익분기점^{BEP 수준}이 된다고 본다. 물론 극단적으로 단순하게 표현했지만 이렇게 신규 패션 사업을 할 수 있는 곳이 이탈리아다.

한국은 보통 브랜드에서 자체적으로 상품을 기획, 제작해 해당 브랜드 매장에 공급하는 위탁 영업 형태가 대부분이지만, 이탈리아는 매장이나 바이어의 완사입 발주에 따라 수량을 취합한 후 생산에 투입한다. 그러므로 브랜드에서 결정하는 스케줄이 아니라 각 체인이나 시스템의 일정에 맞추어 업무를 하게 된다. 만약 일정이나 납기를 놓치게 되면 관련 프로세스가 제대로 작동이 되지 않는다. 해당 체인들이 움직이는 시점들이 정해져 있기 때문에 아무리 큰 오더나 발주라도 개별 프로세스로 특별하게 진행하는 것이 어렵다. 물론 모든 시스템을 무시할 만큼 엄청난 규모의 발주일 경우 달라질 수도 있겠지만, 이탈리아 대부분의 브랜드는 너무 큰 바이어나 시즌별로 발주 수량의 변동이 큰 바이어를 별로 좋아하지 않는다. 자체적으로 시스템을 가동하고 컨트롤할 수 있는 수준의 예측 가능한 사업을 유지하고 싶어 한다. 즉, 자금이나 생산 공장 등 기존 시스템의 한계에서 벗어나는 특별한 오더는 비즈니스라고 생각하지도 않고 오히려 불편해한다. 가끔씩 한국에서 출장 온 바이어가 발주를 많이 하겠다고 해도 발주를 안 받는 이상한 업체가 있다고들 불평을 하는 경우를 보는데 이런 사유로 이해하면 될 것이다. 모든 것이 체인처럼 연동이 되어 순차적으로 체계적으로 움직이므로 특별한 오더 수행을 위해 이 체인을 끊고 갑자기 중간에 끼어들기가 어렵다. 최근 패션시장을 휩쓸고 있는 중저가 SPA 브랜드처럼 반응 생산이나 공급 기반이 중심이 된 회사들의 업무방식과는 많이 다른 시스템이다. 요즘처럼 급격하고 변동이 심한 시장 환경이나 경쟁 환경에서는 '1년 전 상품기획, 6개월 전 생산 수량 확정'을 해야 하는 이탈리아 패션 시스템이 약점이 많아 보이기도 하지만 안정적인 신규 사업을 소규모로 추진하려는 사람에게는 상당히 매력적인 시스템이라고 할 수 있다. 이탈리아 패션 체인 시스템의 주요 프로세스는 아래와 같다.

디자인 → 샘플 제작 → 전시회·쇼룸 영업 → 수주 → 생산량 결정 → 원부자재 발주 및 생산 → 입고 및 배송 → 매장 → 채권 회수

디자인

많은 패션 디자이너가 다음 시즌 콘셉트나 영감, 아이디어 등을 얻기 위해 세계 곳곳을 여행하고 빈티지 매장을 방문한다. 이런 과정을 통해 콘셉트를 잡은 후에는 소재 전시회에 간다. 프랑스 파리에서 열리는 프레미에르 비종, 이탈리아 밀라노에서 열리는 밀라노 우니카 등 원부자재 전시회를 거쳐 소재를 선택하고 디자인을 완성한다. 프레미에르 비종은 4일, 밀라노 우니카는 3일간 진행되고 두 전시회는 보통 일주일 간격을 두고 열린다. 머천다이저나 디자이너들이 이와 같은 전시회를 참관하면 한곳이라도 더 보기 위해 오전 9시부터 오후 6시까지 점심 먹을 시간도 없이 뛰어다니는 경우가 많다. 따져 보면 하루 도보량이 5~10km 정도 된다. 우스갯소리로 상품 기획하는 사람에게 가장 필요한 능력이 체력이라고도 하는데, 꽤나 의미 있는 말이다.

전시회에 참관하면서 병행하는 것이 시장조사이다. 백화점이나 스트리트 매장을 방문하여 경쟁사나 다른 브랜드들의 제품, 소재, 가격, 디스플레이 등에 대해 조사하여 참고하고 디자인, 소재 선택, 상품기획에 반영한다.

요즘은 디자이너들이 컬렉션을 2년 정도 하고 나면 완전히 지쳐서 휴식이 필요하다고들 한다. 큰 브랜드일수록 프리 컬렉션Pre-collection 혹은 크루즈 컬렉션, 메인 컬렉션Main Collection, 쇼 컬렉션Show Collection 등을 모두 준비하므로 시즌에 3회, 1년에 6번의 컬렉션을 준비하고 만들어 내야 한다. 끊임없이 왕성하게 창조 활동을 하며 지속적인 찬사

샤넬의 컬렉션 피날레에 등장한 칼 라거펠트

를 받고 있는 샤넬의 칼 라거펠트^Karl Lagerfeld 같은 디자이너는 참으로
대단하다.

샘플링

프로덕트 매니저^Product Manager의 주관하에 디자이너, 패턴사, 생산책
임자들의 협업으로 2~3차례 샘플^Prototypes을 만든다. 이후 품평을 거
쳐 최종 세일스맨 샘플을 생산하게 된다. 디자이너의 스케치에서 시
작되어 패턴사의 해석을 거친 패턴이 완성이 되고, 이 패턴이 공장이

나 샘플실에 전달되어 재단이 되고 샘플이 제작되는데, 신규 모델의 경우 품평 후 수정, 재생산 후 또 수정하는 과정을 거친다. 신규 모델의 2~3회 샘플 재생산은 매우 흔한 일이다. 샘플을 생산하기 위해서는 원단 전시회에서 샘플 발주를 하는데, 브랜드 규모에 따라 몇 미터부터 몇백 미터까지도 샘플 원단을 발주한다.

필자가 한국에서 남성복 브랜드 상품기획 업무를 할 때 원단 전시회에서 50m씩 원단을 사전 발주하여 'Next Year's Collection'이라는 이름으로 고정고객에게 다음 시즌 원단을 미리 구매할 수 있는 기회를 제공한 적이 있다. 원단 전시회가 2월, 9월에 진행이 되는데 전시회에서 발주를 하면 샘플 원단은 5월과 11월에 입고가 된다. 이것을 간단한 카탈로그로 만들어 고정고객에게 발송하여 사전 주문을 받고 반응을 체크했던 것이다. 이탈리아 브랜드들은 샘플을 만들어 다음 시즌 영업을 준비하지만 한국은 위탁 판매 시스템이었으므로 이탈리아의 이 샘플 원단 발주 시스템을 다른 방법으로 활용하였다.

샘플 품평을 통해 최종 스타일이 확정이 되면 쇼룸이나 에이전트 수, 브랜드 규모에 따라 한 스타일에 50개 정도의 세일즈맨 샘플을 생산한다. 새로 사업을 시작하는 신규 브랜드에게 가장 중요한 것은 영업용 샘플 생산 공장Sample production capacity 확보라고 할 수 있겠다. 세일즈 캠페인을 하고 난 샘플들은 소형 브랜드일 경우는 5월, 11월경에 프레스나 고객을 초청해 샘플 판매를 하고 샘플 수량이 많은 대형 브랜드는 아울렛에서 판매한다.

모든 브랜드가 샘플 생산을 하는 시점이 비슷하기 때문에 샘플 생산 공장을 찾는 것은 매우 중요한 과제다. 메인 제품 생산은 할 수 있어도 샘플은 생산하지 못한다는 공장도 많다. 이런 환경으로 인해 패턴과 샘플만 전문으로 개발하고 만들어 주는 사업자들도 있다. 이탈리아 패션 산업은 관련 업체들이 체인처럼 돌아가는 시스템이지만 촘촘한 체인 안에서도 이처럼 병목 현상이 생기거나 수요가 있으면 새로운 사업의 기회가 생기는 것이다. 영업Sales Campaign 기간에 샘플 생산 납기를 못 맞춘다는 것은 한 시즌 영업을 못한다는 것이므로 영업 개시 전이나 전시회 전의 공장들은 전시를 방불케 한다. 첫 프로토타입이 나오면 모델들의 피팅fitting을 거쳐 품평을 하게 되는데, 이름 없는 모델이나 모델 지망생들 그리고 비수기 파트타임으로 일하는 일반 모델들까지 스케줄이 꽉 찬다. 공장과 패턴사, 디자이너, 프로덕트 매니저 등이 참여하는 품평회는 거의 매일 이어진다.

전시회 및 쇼룸

어느 정도 성장한 브랜드들은 자체적인 쇼룸을 가지고 있다. 남성은 1월과 6월, 여성은 2월과 9월에 열리는 밀라노 컬렉션 혹은 피티 워모 같은 전시회에 참석하는데, 전시회나 밀라노 컬렉션이 끝난 후 즉시 쇼룸을 통해 세일즈 캠페인을 전개한다. 프랑스에서는 통상 일주일에서 열흘 정도 쇼룸을 운영하지만 밀라노는 길게는 한 달 혹은 한 달 이상의 세일즈 캠페인 기간을 운영하며, 이를 통해 기존 고객뿐만 아니라 신규 고객과의 미팅, 영업 활동을 하게 된다. 이 외에 많은 브랜드가 여러 브랜드를 한군데 모아서 영업을 대행해 주는 밀티 브랜드 쇼룸Multi brand showroom을 통해 판매한다. 이 멀티 브랜드 쇼

피티 워모에서 만난 멋쟁이 신사들

피티 워모에 참석한 패션 관계자들

룸은 적게는 10여 개, 많게는 수십 개의 브랜드를 모아서 영업을 대행해 준다. 단독 쇼룸은 관련 아이템 영업 기간만 운영이 되지만 멀티 쇼룸은 시즌에 3개월 이상 운영이 된다. 예를 들면 12월에 Pre-Collection 영업을 시작으로 1월에 남성, 2월에 여성, 3월에 가죽 액세서리 영업을 진행한다. 이들은 전세계 바이어들과의 네크워크를 바탕으로 영업하며, 판매 금액 기준으로 10% 전후의 커미션을 받는 것이 보통이다. 그러나 신규 브랜드는 유명 쇼룸에는 입점하기도 어렵고 쇼룸과 협의가 되어 계약을 하더라도 연간 15~20%의 수수료를 내야 하는 경우도 허다하다.

이탈리아는 전국에 광범위하게 발달한 편집매장 때문에 국내에 지역별 에이전트Local agent나 프로모터Promoter를 운영한다. 브랜드 규모에 따라 다르지만 큰 브랜드들은 밀라노 자체 쇼룸 외 이탈리아 내에서만 7~8개의 지역 에이전트를 운영하며, 이들은 대부분 각 영업 지역에 브랜드 쇼룸을 가지고 있고, 샘플을 보유하고 현장에서 매장과 밀착영업을 진행하며 세일즈 후 판매 금액 회수까지 지원한다.

이탈리아 남성복인 라르디니Lardini의 경우 OEM 생산을 제외한 자체 브랜드 매출이 2,500만 유로 수준이지만 브랜드에서 직접 운영하는 밀라노 쇼룸에서는 이탈리아 북부 지역과 특정 해외 바이어만 담당하고, 5개의 이탈리아 로컬 에이전트와 6개의 해외 에이전트를 운영하며 전세계에 제품을 판매한다.

쇼룸이나 에이전트는 지역을 기준으로 계약한다. 바이어의 일정에 따라 다른 지역에서 발주를 할 수도 있다. 예를 들면 한국 바이어가 특정 브랜드를 발주할 때 일본 도쿄에 있는 쇼룸에서 발주를 해왔고, 일본이 아시아 에이전트 역할을 하고 있었다면 일정이 여의치 않아 파리 쇼룸에서 발주를 하게 되더라도 커미션은 파리 에이전트가 아닌 일본 에이전트에게 주어진다. 이것이 제대로 정리가 안 된 신규 브랜드의 경우 가끔씩 트러블이 생기는 경우가 있는데 대부분 서로 영업을 지원하는 개념으로 협력한다.

멀티 쇼룸은 브랜드나 아이템이 많아 거의 상시 운영이 되지만 단독 브랜드 쇼룸은 영업 기간이 길지 않으므로 모든 직원이 정식 직원으로 근무할 수가 없다. 그래서 생긴 직업이 벤디트리체^{Venditrice}이다. 1년에 쇼룸에서 통상 6개월 정도 근무하며 영업 준비부터 영업 종료 시까지 근무한다. 바이어에게 전화를 하여 쇼룸 방문을 독려하고, 미팅 약속을 잡고 영업 지원을 하는 것이 주요 업무로, 외모가 수려한 은퇴 모델이나 언어 특기자들이 많다. 대부분의 쇼룸에서는 세일즈 기간 동안 피팅 모델을 채용하여 바이어들에게 제품의 착장 모습을 직접 보여준다.

수주

각 지역별 디스트리뷰터^{Distributer}나 에이전트 등을 통해 주문을 받는 상황은 수시로 본사에서 취합을 하며, 일부 브랜드는 오더 상황을 보아가며 원자재를 선행 발주한다. 그러나 대부분의 브랜드는 영업 과정을 거쳐 수주량이 확정된 후에 원단을 발주한다. 보통 원단을 주문한 뒤 받기까지 60~90일 정도 걸리므로 제품의 납기는 제품 생산에 맞물린 체인들과의 협력과 커뮤니케이션이 원활할수록 관리가 잘

된다. 대부분의 브랜드가 발주 즉시 오더 컨펌^{Order Confirm}을 해주지 않는다. 전체 수주 오더를 취합한 후 스타일마다 최종 생산을 확정하는 과정에서 캔슬되는 경우가 있기 때문이다. 오더 캔슬^{Order Cancel}은 안정이 안 된 신규 브랜드일수록 심하다. 거꾸로 대형 브랜드들, 특히 가격에 민감한 브랜드일수록 스타일의 캔슬 비율이 높다. 일정 수량을 수주 받지 못하는 경우 브랜드 자체적으로 수익을 생각하여 스타일 자체를 생산하지 않는 경우가 생긴다. 이런 여러 경우를 감안하여 상담 시 브랜드나 거래선에 대한 파악을 정확히 해야 하며, 어느 정도는 여유롭게 발주를 넣어야 한다. 경영 계획이나 구매 예산에 맞춘다고 수량이나 금액을 너무 정확하게 했다가 오더 캔슬이 많아 물량이 부족해서 고생하는 매장이나 브랜드를 자주 본다. 소규모 브랜드나 특정 아이템만 생산하는 브랜드들은 컬렉션이나 샘플 수량이 많지 않지만 대형화되거나 사업 확장 단계에 있는 브랜드들은 쇼룸에 비치하는 샘플이 몇백 개가 되기도 한다.

10여 년 전 한국에서 케네스콜 브랜드를 수입했던 사례를 보자. 미국 본사 내부적으로 오더 관리가 제대로 되지 않아 수주 취합 후 오더 캔슬 비중이 몇십 퍼센트까지 치솟았고 결국 한국 수입회사에서 해당 브랜드 수입 사업을 접는 계기가 되었다. 세일즈용 샘플을 제대로 정비하여 대표선수만 보여주어야 하는데, 제대로 정리하지 않은 상태로 바이어들에게 샘플 컬렉션을 너무 많이 보여주어 오더에 집중화가 이루어지지 않고 수주가 여러 아이템으로 분산이 된 것이다. 결국 브랜드에서는 원가나 최소 생산량 등을 고려하여 오더를 집중화시키기 위해 수주가 적은 스타일을 생산 캔슬하게 되는 것이다. 이런 상황은 매장 매출이나 상품 비중, 사이즈, 환경 등을 고려하여 매트릭스를 짜서 구매 예산에 맞춘 발주를 하는 바이어들에게는 치명적일 수밖에 없다. 발주한 제품 중 특정 시즌의 상품이 생산 캔슬이 많이 되어 예를 들면 봄상품만 많고 여름상품은 부족해지는 시즌 불균형Season unbalance, 특정 아이템이 집중적으로 캔슬이 되어 매장 내 특정 아이템이 부족한 상품 불균형Item unbalance, 그리고 특정 가격대 제품만 남아 있는 가격 불균형Price unbalance과 같은 현상이 나타나게 된다. 이것은 매장의 목표 미달, 판매 부진 등의 결과로 나타나게 되고, 결국 브랜드는 매출이 부진하여 백화점에서 철수하거나 사업 운영 자체가 어려워지는 것이다.

생산량 결정

생산량을 결정할 때는 수주량을 기본으로 원단의 최소 수량과 거래선, 자체 매장의 확장성, 그리고 일부 추가 공급 물량까지 여러 사항을 고려한다. 자체 공장에서 생산하는 곳은 직접 원부자재 발주를 하고, 외주 생산을 하는 곳은 공장에 생산 수량을 통보한다.

처음 영업용 샘플이 나오면 대략적인 원가 계산이 동시에 이루어지고 이것을 기준으로 예상 판매가Wholesale Price를 결정한다. 수주량이 예상보다 너무 적을 경우 기준 원가를 지키지 못하는 경우가 있다. 원단 가격을 원단업체와 사전 협의를 해 두지만 그 수량보다 적을 경우 할인율을 적용 받지 못하거나 생산 수량이 너무 적을 경우 공장에서 추가 비용을 요구하는 경우가 생기기 때문이다. 이럴 경우 브랜드에서는 해당 스타일을 캔슬할 것인지 아니면 이익을 최소화한 상태로 생산을 하여 납품을 할 것인지 결정해야 한다. 해당 스타일이 캔슬이 되면 발주한 모든 거래선에 오더 캔슬을 통보한다. 잦은 오더 캔슬은 거래선에게 신뢰를 잃게 되므로 브랜드는 관련 프로세스 관리에 모든 역량을 집중시키기 마련이다.

공장은 브랜드의 생산 수량 통보나 생산 지시에 따라 요척을 계산하여 원단을 발주한다. 원래 샘플을 생산한 공장에서는 한 번 만들어 본 제품이므로 바로 요척 및 원가 계산이 이루어지지만 중간에 갑자기 공장이 바뀌게 되는 경우 상당한 혼선이 생긴다. 수주량이 적어 발주가 적어지면 공장에서는 단가 인상을 요청하게 되고, 판매를 한 이후에 원가 변동은 브랜드에서 받아들이기 어려우므로 브랜드에서는 이익률을 유지하기 위해 공장을 바꾸는 경우도 생긴다. 하지만 갑작스러운 공장 변경은 품질 문제뿐만 아니라 생산 납기도 문제가 된다. 잘 진행되던 브랜드의 특정 제품 납기가 지연이 되는 경우 원부자재 납기 지연 등 여러 가지 사유가 있지만 대부분 갑자기 공장이 바뀌는 상황에서 발생한다.

원부자재 발주 및 생산

원부자재 납기 관리는 생산에서 가장 기본이 되는 요소이다. 이탈리아 패션 시스템은 모든 체인이 특정 시점에 각각의 역할을 하는 구조이므로 관련 타이밍을 놓치지 않는 것이 중요하다. 특히 원단 납기가 지연되어 생산 납기가 늦어지는 경우가 많이 발생하는 만큼 원단

업체와의 밀접한 커뮤니케이션이 중요하다.

보통 특정 스타일의 제품이 히트하면, 관련 원자재도 함께 히트한다. 특정 스타일이 반응이 좋아 주문이 많이 들어오는 경우 원단 납기가 제때 가능한지 수시로 확인해 두어야 한다. 원단업체도 자신들이 예상하는 수량만큼의 원료나 원사만을 확보한 상태에서 오더를 대기하는 것이므로 대량 오더를 발주할 경우 즉시 해결이 어려운 상황에 직면하게 된다. 한국처럼 본사에서 물량을 결정하여 매장에 위탁으로 공급하는 시스템일 경우 매장의 반응이 좋으면 빠르게 유사 상품으로 대체가 가능하지만, 이탈리아처럼 바이어의 구매에 의한 완사입의 경우 반드시 동일한 제품으로 공급이 되어야 하기 때문이다.

히트 상품은 이런 과정을 놓치는 경우 통상적인 원단 납기보다 1~2개월 더 길게 나오는 경우가 많은데, 주문은 많이 받지만 납품은 할 수 없는 상황으로 나타나기도 한다. 바이어들의 오더 상황을 수시로 확인하다 이런 스타일이 나타나는 경우 영업 마감까지 기다리지 않고 원자재를 선발주해 두어야 하는 경우이다.

자가 공장을 가진 회사가 많지는 않지만 대부분 생산 안정성을 위해 외주를 하더라도 일부 지분을 확보하거나 외주 공장과 어떤 끈끈한 관계를 맺고 있다.

한때는 전세계 최대, 최고의 생산 소싱 기반을 가진 나라로 꼽히는 이탈리아였지만 최근 젊은이들의 제조업 기피 현상 및 인건비 상승 등의 이유로 많은 공장이 폐업을 하였고 '메이드 인 이탈리아'는 상당히 어려운 환경을 맞고 있다. 이탈리아에서 공장 운영이 힘들어지자 많은 업체가 이탈리아에서 가까운 동유럽에 생산 기반을 마련했다. 루마니아가 우선 대상이었고, 최근에는 루마니아조차도 인건비가 많이 올라 아프리카, 불가리아 등 인건비가 싼 곳을 찾아 공장을 세우고 운영하는 곳이 많아졌다. 물론 중국이나 동남아시아에서 생산하는 경우도 많다. 이런 환경 속에서 많은 글로벌 생산 에이전트들이 브랜드와 공장 사이에서 활동한다. 원래 이탈리아를 기반으로 공장을 찾고 생산을 대행해 주던 생산 컨설턴트나 에이전트들이 생존을 위해 소싱 지역을 확장하게 된 것이다. 해외 생산을 하더라도 많은 업체가 핵심 기술이나 노하우를 보유하고 자신들의 스타일을 유지하기 위해 이탈리아 내에서 자체적으로 재단까지는 하고, 재단물 상태로 보내 생산을 진행한다. 물론 대부분 이탈리아 기술자를 파견하여 봉제까지 직접 관리하는데, 이런 노력이나 정성이 여전히 '메이드 인 이탈리아' 혹은 이탈리아 브랜드에 대한 존경심을 유지하게 하는 비결이 아닐까 생각한다.

입고 및 물류

생산된 제품은 대부분 자체 물류 창고에 입고 후, 전세계 바이어들의 주문에 따라 배송한다. 대형 브랜드들은 아시아 생산 제품의 경우 물류비 절감을 위해 아시아 현지에 물류센터를 보유하여 현지에서 직접 배송하기도 한다. 자체적으로 물류센터를 운영하기 어려운 소형 브랜드들은 물류 대행업체를 활용하는데, 이들은 브랜드들의 요청대로 제품을 전세계에 배송해 준다.

이탈리아 내 물류는 비용이 상당히 비싼 편이다. 차량을 통째로 홈쳐 달아나는 도난 사고가 많다 보니 도난을 대비하는 보험 비용이 높다. 또한 한국처럼 일용직 고용이 쉬운 환경이 아니고, 물류 관련 인력들도 이탈리아 노동법 규정에 따라야 하기 때문에 인건비가 무척 비싸다. 그래서 인건비 절감을 위한 창고 관련 자동화 시스템이 많이 발달해 있다. 특히 이탈리아 생산 제품은 대부분 고급 제품이라 항공 운송이 많아 밀라노 공항 주변에는 관련 창고 및 물류업체가 모여 있다.

물류업체를 선택할 때 가장 주의할 점은 도난이다. 물류업체가 워낙 난립하다 보니 덤핑으로 오더를 받으려고 하는 업체가 많다. 한국의 많은 회사가 물류업체를 선정할 때 싼 가격을 제시하는 업체를 주로 선택하는데, 이로 인한 제품의 도난이나 손망실을 자주 경험한다. 필자도 모 물류업체를 통해 고가 악어 제품을 두 번이나 분실하는 사고를 겪은 이후 비교적 비싸지만 카메라 및 시스템, 시큐리티 장비가 완벽하게 설치된 독일 업체로 물류업체를 변경했다. 항공화물의 특성상 한국에 도착하여 제품을 확인하기 전에는 도난이나 분실물을 확인하기가 어렵다. 제품이 도착할 때마다 도난될 것을 가정하여 보험사 직원을 불러 입회를 시킬 수도 없으므로 도난은 거의 100% 영업 손실로 처리되는 경우가 많다. 해외 운송은 생산 공장에서 출고 후 차량 이동, 물류업체 창고, 이탈리아 세관, 운송, 한국 세관, 보세 창고, 국내 운송, 입고 등으로 과정이 길어 교묘하고 지능적인 도난 사고가 많은 편이다. 물류업체를 잘 선택하는 것 외엔 뾰족한 방법이 없다.

그리고 이탈리아는 안전 운전을 위해 운전자가 2시간 운행 후 30분

휴식을 취하도록 법으로 명시되어 있어 차량 운행 시간도 길다. 이탈리아에서 고속버스를 타 보면 이 규정을 준수하느라 휴게소에서 하릴없이 30분을 기다려야 한다. 한국 사람들이 쉽게 이해하기 어려운 부분 중의 하나이다.

이탈리아는 제노바, 나폴리 같은 초대형 물류항구 및 시스템을 갖추고 있어 우리나라 대형 물류업체들도 지사를 운영하고 있고, 물류 사업을 하는 한국인도 10여 명이 될 정도로 한국과도 물류 이동이 상당히 많은 나라이다. 이들의 가장 큰 고민은 이탈리아에서 한국으로 보낼 때는 대부분 컨테이너를 가득 채우는데, 한국에서 이탈리아로 나오는 제품은 적다는 것이다. 즉, 한국에서 이탈리아로 수출하는 제품은 많지 않다는 이야기다. 무역 역조 현상도 해결하고 물류업체의 고민도 해결하도록 많은 한국 업체가 분발하기를 기대해 본다.

유통

편집매장Multishop은 이탈리아 패션 유통의 대표주자다. 한국은 인구 밀집도가 높고 면적이 좁은 환경으로 백화점이나 쇼핑몰이 활성화되어 있지만 이탈리아는 백화점보다는 로드숍 채널이 많이 발달한 나라이다.

이탈리아를 대표하는 백화점은 리나센테와 코인 백화점이다. 매장이 이탈리아 전역에 각각 11곳, 60여 곳이 있지만 고급 패션 제품이 유통되는 매장은 밀라노를 비롯한 대도시 몇 곳뿐이며 대부분 지역 밀착형의 소규모 중가 백화점이다.

리나센테 백화점의 남성복 매장

    이탈리아는 소득이 3만 달러가 넘는 G7 국가에 포함된 선진국으로서 유난히 옷 잘 입는 것을 좋아하는 민족이다. 이들의 개별적인 수요를 충족시켜 주는 것이 각 지역의 중심가에 있는 편집매장이다. 매장 주인이 본인의 감각을 바탕으로 책임하에 브랜드를 선택하고 구매를 하여 영업한다. 거의 대부분 완사입 형태이므로 영업이 부진

하여 재고가 남는 것은 점주가 100% 책임지는 구조다. 이런 구조를 파악하여 편집매장들의 시즌 재고를 싼 값에 구매하여 온라인으로 아울렛 영업을 시작한 곳이 지금은 유럽의 대표적인 온라인 명품매장으로 성장한 YOOX^{www.yoox.com}다.

편집매장은 다른 매장과의 차별화 및 발전을 위하여 신규 브랜드나 새로운 상품에 대한 수요를 지속적으로 만들어 냄으로써 이탈리아 패션 산업 발전에 한 축을 맡아 왔으며, 이탈리아 패션 발전의 원동력이 되었다.

그러나 이들을 패션 마피아라 비꼬는 사람들도 있다. 그들은 수십 년간 해당 지역에서 많게는 10여 개의 매장을 운영하며 중소형 브랜드나 신규 브랜드에 무소불위의 권력을 행사해 왔다. 제품 구매 후 제품 값을 지불하지 않고 1~2년씩 채무를 유지하거나 아예 신규 브랜드에게는 매장 입점료 개념으로 돈을 요구하는 등의 많은 횡포가 있었던 것이 사실이다. 브랜드 책임자들 중에 그런 악덕 매장들과의 거래 경험이 축적이 되어 회사를 옮기거나 다른 사업을 하게 되더라도 악명이 높은 특정 매장과는 아예 거래를 하지 않으려고 하는 사례도 자주 보게 된다.

10 꼬르소 꼬모[10 Corso Como], 루이자 비아 로마[Luisa via Roma], 안토니올리[Antoniolli] 등은 전세계 패션계에서도 손꼽히는 유명 편집매장이다. 셀러브리티를 보려면 이 매장에 가면 된다는 말이 있을 정도다. 신규 브랜드에게는 이런 매장에 입점하는 것만으로도 엄청난 홍보 및 후광효과를 얻게 되므로 이들의 횡포가 어쩌면 당연한 것일지도 모르겠다.

그러나 최근 이탈리아 경기 부진으로 내수시장이 어려워지면서 폐업이나 전업을 하는 편집매장들도 많아지고 있다. 이에 따라 브랜드에 물대를 지불하지 않는 매장이 많아져서 채권 회수를 못해 사업 운영이 힘들다고 하는 브랜드도 점점 많아지고 있다. 이런 상황이 악순환 되며 경영이 어려운 브랜드가 많아지고 브랜드에서는 원단 대금이나 생산 대금을 지불하지 않게 되면서 연쇄적으로 이탈리아 패션 시스템 체인 전체가 몸살을 앓고 있는 상황이 연출되고 있다.

TIP 로드숍과 매장 권리금

전세계에서 몰려드는 관광객들로 인해 이탈리아 대도시에 위치한 매장에는 고객들의 발걸음이 끊이지 않는다. 해당 지역의 유명 로드숍들은 주변의 고정 고객뿐만 아니라 해외 방문객들로부터 탄탄한 신뢰를 얻고 있다. 출장이나 여행을 하는 경우에도 그 지역에 가면 출장자가 반드시 방문하는 혹은 관광 코스처럼 방문 추천을 받는 매장이나 브랜드, 편집매장이 있는 경우가 많다.

최근 이탈리아의 편집매장들은 매장 자체 영업만으로는 생존이 어렵다고 이야기한다. 10여 년 이상 지속되고 있는 경기 침체로 매장 대부분은 매출이 역신장하고 있는 상황이고, 탈세와 돈세탁 방지를 위해 만든 제도이지만 이탈리아 국민은 1,000유로 이상 현금을 이용할 수 없게 만든 법으로 인해 소매 영업은 계속 악화되고 있는 실정이다.

매장의 생존을 위한 병행 수출

10여 년간 지속되는 불경기의 돌파구로 생각하는 것이 병행* 수출이다. 이탈리아에서 매장 매출 중 병행 수출의 비중은 30%에서 많은 곳은 70%까지 달한다. 이탈리아 전체 편집매장 90% 이상이 병행 수출을 진행하고 있다고 하니 얼마나 광범위하게 퍼져 있는 현상인지 짐작할 수 있다. 특히 일본, 한국, 중국 등 아시아의 수요가 높고 러시아 쪽으로도 많이 수출이 된다.

이탈리아에서도 브랜드에서는 병행 수출을 원칙적으로 금지하고 있지만 매장에서 구매한 후 자신들의 기준으로 재재판매하는 활동이므로 법으로 제재할 방법이 없어 너무 심한 경우가 아니면 알면서도 모르는 척 눈감아 주는 경우가 많다.

매장 권리금

주요 도시나 거점에 있는 로드숍들의 가장 큰 부업은 브랜드와의 콜라보레이션이다. 시즌 내내 혹은 특정 시점에 브랜드에게 쇼윈도를 빌려주는 일을 한다. 브랜드와 매장 내 이벤트를 공동 진행하기도 하며 매장을 행사장으로 빌려주기도 한다. 유명 매장의 경우 패션 행사 기간 일주일간 쇼윈도를 쓰는 데 2만 유로 정도를 받는다. 브랜드에서는 패션위크나 가구 전시회, 특정 방문객이 많은 대형 전시회 시점에 매장의 윈도 한 면을 임대하여 이벤트를 전개하거나 제품을 디스플레이하여 방문객들에게 홍보를 한다.

지역이나 상권에 따라 다르지만 매장을 새로 임대하고자 할 때는 권리금(Buon Uscita)을 내야 한다. 요즘은 불경기여서 매장의 권리금이 많이 낮아졌지만 대도시 중심 지역 큰 매장의 경우 권리금이 몇천 만 유로에 달한다. 권리금 액수는 보통 윈도 개수나 매장 사이즈를 기준으로 책정이 된다. 고객 동선, 매장 위치 등 고려할 요소가 매우 많고 전혀 고정적이지 않아서 예측하기도 어렵다. 동일한 상권에서도 계약 상황이나 네고(nego) 능력에 따라 두 배까지 차이가 나는 경우도 있다. 밀라노의 최고급 상권 기준으로 경험상 50m²당 100만 유로 전후 수준으로 보면 적절하지 않을까 생각한다.

---

* 병행(Parralel) 사업: 유명 명품 브랜드들은 브랜드 이미지 유지 및 관리를 위해 해당 국가나 지역에 독점 사업권을 준다. 이에 해당 지역 정부는 독점 사업자의 횡포(가격이나 기타 서비스 등)가 심해질 것을 대비, 이를 방지하기 위해 병행 수입을 허용한다. 한국에서는 소규모 유통이나 개인 혹은 온라인 사업자들이 브랜드로부터 직접 구매가 아닌 다른 나라의 유통이나 매장으로부터 제품을 구매, 수입하여 독점 사업자보나 소금 너 싸게 파는 방식으로 병행 수입 사업을 하고 있다. 독점 사업자의 횡포나 가격 인상 등을 방지하기 위해 많은 국가에서 법으로 관련 사업을 장려하고 있다.

채권 회수

최근 2~3년 이탈리아 패션업계 전체 시스템이 몸살을 앓고 있다. 아무리 제품을 잘 만들고 장사를 잘했더라도 제품을 팔고 돈을 못 받으면 아무 의미가 없다. 매장 영업이 어려워짐에 따라 브랜드나 회사에서는 채권 회수가 안 되거나 회수가 지연되어 자금 관리가 어려워지고, 사업 운영이 어려워진 브랜드에서는 공장과 원부자재업체에 물대 지불을 지연시켜 연계된 체인들이 모두 자금 관리 때문에 힘들어하고 있다.

브랜드와 매장, 바이어 간에는 다양한 종류의 거래방식이 있는데 해외는 대부분 신용장Letter of Credit 거래 혹은 선금 입금을 요구하지만 이탈리아 내 거래는 보통 60~90일 후 지불하는 방식이다. 보증과 같은 제도도 없는 후지불이 통상적인 거래방식이다 보니 1~2개월 지불 지연은 일상적으로 일어난다. 이런 환경으로 대부분의 회사가 관리팀 내 채권 회수 담당을 한 명씩 두고 있는 실정이다. 그리고 이들의 사업계획도 대부분 5% 정도는 채권 회수를 못할 것을 감안하고 사업계획을 세울 정도다.

매장에서는 영업이 어려워지면 다음 시즌 제품이 입금되면 송금을 하겠다고 하고, 브랜드에서는 판매 대금 입금이 안 되면 다음 시즌 제품을 배송하지 않겠다고 하는 다툼이 매 시즌 반복된다. 브랜드에서는 미회수 채권, 불량 채권들이 쌓여 통상 한 시즌 정도는 지연되는 상태로 사업을 운영해 가는 경우가 많다. 그래서 이탈리아 패션사업에서는 자금 관리가 중요하다. 회사 내의 2인자는 대부분 관리 담당이고 이를 암미니스트라토레^{Amministratore} 라고 부른다.

이탈리아에서 패션 사업을 시작하기는 정말 쉽다

이탈리아에서는 좋은 아이디어 하나만 있으면 외상으로라도 샘플을 만들어서 쇼룸에 전시해 사업을 시작할 수 있다. 요즘은 편집매장 영업이 어려워 구매가 줄고 채권 회수 문제 등이 겹쳐 브랜드들이 소매 사업을 돌파구로 보고 매장에 직접 투자를 늘리고 있지만, 여전히 편집매장이 이탈리아 패션업계에 미치는 영향력은 절대적이다. 브랜드를 평가할 때 어떤 편집매장에 입점되어 있느냐가 주요한 브랜드 평가의 기준이므로 앞으로도 이탈리아에서 이들의 영향력은 절대 무시할 수 없을 것이다.

이탈리아 패션업계는 시스템을 구성하는 각각의 체인이 톱니바퀴처럼 얽혀서 끝없이 돌아가고 있다. 풍부하고 유능한 패션 전문 인력들과 다양하고 차별화된 하드웨어^{쇼룸, 공장, 편집매장}가 이탈리아 패션의 경쟁력이다. 이 요소들이 제대로 화합하여 돌아가는 구조를 얼마나 잘 유지하느냐에 따라 이탈리아 패션의 미래가 달라질 수 있을 것이다.

내비게이터 도둑이 처참하게 깨뜨린 자동차 창문

TIP 이탈리아 경찰과 좀도둑

이탈리아에는 다양한 경찰조직이 있다. 권력이 한곳에 집중되는 것을 방지하기 위해 경찰조직을 여러 부서로 분산시켰다고 한다. 내무부 소속의 폴리찌아(Polizia), 국방부 소속의 카라비니에리(Carabinieri), 재무부 소속의 과르디아 디 피난자(Guardia di Finaza), 기타 법무부 소속의 교도소 근무 경찰이나 산림경찰도 있다. 우리 실생활과 관계가 있는 경찰은 폴리찌아와 카라비니에리, 과르디아 디 피난자이다. 폴리찌아는 국가 경찰도 있지만 대부분 지방 자치에 따른 자치 경찰이다. 이탈리아에서 생활하며 가장 많이 접하는 폴리찌아 로칼레(Polizia Locale)가 바로 그들이다.

지난해 주차장 공사로 하룻밤을 길에 주차한 적이 있는데, 이를 기회로 잡은 도둑이 차 뒷문 유리를 깨고 내장된 내비게이터를 뜯어 갔다. 다른 곳에는 전혀 흠집이 없는 것으로 보아 완벽한 전문 도둑의 짓이었다. 출근길에 사진을 촬영하고 경찰서(Questura)로 차를 몰고 신고하러 갔다. 20여 분을 기다려 경찰과 마주 앉았는데, 첫 질문은 "사람이 다쳤느냐?"이다. 아니라고 밤 사이에 유리창을 깨고 내비게이터만 훔쳐 갔다고 하자 사고 신고서를 쓰고 도장을 찍어 주더니 가라고 한다. "조사를 안 하느냐?"고 물어보니 "이 신고서 가져가면 보험 처리가 된다."는 대답이다. 수많은 이탈리아 사람들이 소매치기나 좀도둑의 피해를 보고 있지만 좀도둑이 너무 많아서인지 다른 할 일이 너무 많아서인지 경찰은 이들을 잡을 생각이나 의도조차 없는 것처럼 느껴진다.

이탈리아의 어떤 젊은이가 인터넷으로 휴양지 아파트를 임대해 주는 예약 사이트를 하나 만들어 두고 500유로 이하의 영업만 하면서 사기를 쳤는데, 매년 20만 유로 가까이 매출을 올리며 5년간 이 사기 임대 사업을 지속해 올 수 있었다고 한다. 사기를 당할 경우 변호사를 사서 신고를 해야 하는데, 이 신고 비용이 사기당한 금액보다 크다 보니 아무도 신고를 하지 않아 이런 사기 행각을 5년이나 계속할 수 있었던 것이다.

이탈리아를 여행하거나 출장 오는 사람들이 한 번씩은 꼭 도둑이나 소매치기를 경험한다. 이탈리아의 도둑들은 참으로 대범하다. 몇 가지 일화들이다. 밀라노 중앙역에서 기차를 기다리다가 한 명에게 짐을 맡겨두고 나머지는 화장실에 갔는데 지나가던 사람이 가방을 하나 들고 유유히 걸어간다. 이에 짐을 지키던 사람이 따라가서 내 가방이라고 해서 찾아오면 원래 지키고 있던 모든 가방이 사라지고 없다. 두오모 같은 사람이 많은 광장에서는 옷에 음료수를 뿌리고 실수했다고 미안하다며 다가와 옷을 닦아주는데 그 사이 손가방은 사라진다.

백화점이나 지하철 에스컬레이터에서 앞뒤로 사람이 붙어 앞사람이 넘어지며 자연스러운 충돌을 일으켜 주머니를 뒤져서 가는 경우 등 사고 사례를 들며 아무리 주의하라고 강조해도 꼭 한두 명씩은 당하는 사람이 나온다. 좀도둑들이 어떻게든 돈 냄새를 맡고 목표를 정해 계속 따라 다닌다고 하니 잠깐 방심한 사이에 결국 당하게 되는 것이다. 귀중품이나 현금을 적게 가지고 다니고, 본인 스스로 조심하는 외에는 방법이 없다.

밀라노에 근무하던 주재원 A 차장은 집앞 길에 밤새 주차를 했었는데, 차량을 벽돌로 받쳐 두고 바퀴 네 개를 빼 간 경우가 있었다. 급하게 신고하고 보험 처리하여 새로운 타이어로 바꿔 끼웠는데, 그 다음날 동일한 수법으로 또 타이어를 빼내 갔다.

최근에는 집털이가 기승을 부리고 있다. 특히 동양인이 집중적으로 많이 당한다. 목표가 되는 사람을 정하면 며칠을 감시해 개인이나 가족의 동선을 파악한 후, 이삿짐을 옮기는 것처럼 가장해 집을 완전히 털어간다. 가족 외식이 많던 어떤 지인의 집에는 한 달 사이 두 번이나 저녁 외식을 하는 두어 시간 동안 도둑이 들기도 했다.

같은 장소에서 2~3회씩 동일한 절도 행위가 일어나도 스스로 조심하는 것 외에 뾰족한 방법이 없는 곳이 이탈리아다. 도둑 당하는 비용도 이탈리아 생활비 중의 하나로 생각하라는 말도 안 되는 말이 있다. 한국처럼 동네에 CCTV를 설치하기에는 사생활 보호법이 까다롭고, 모든 동네 사람이 동의해야 하는데 카메라 설치는 사람들이 많이 꺼린다. 그나마 집도둑을 피하는 가장 좋은 방법은 주차장이 있는 고층 아파트에서 사는 정도다.

가끔 너무 열심히 일하는 재무경찰(La Guardia di Finanza)을 만나면 당혹스럽기 그지없다. 만연한 탈세 때문에 생긴 경찰조직인데 아마 전세계에 유일한 경찰조직이 아닐까 싶다. 개인적인 생각이지만 그들이 있어서 탈세가 줄어들고 있는지는 정말정말 의문이다. 주로 국경에서 현금 소지 차량이나 탈세 추정 차량을 불심 검문하는데, 요즘은 시내에서도 운행 차량을 세워서 불심 검문을 하는 경우를 자주 본다. 특히 고급 차량은 수시로 불심 검문을 하는 것뿐만 아니라 소득 대비 소유 차량이 고급일 경우 세무조사를 진행한다. 이런 사유로 지난해 이탈리아에서 고급 스포츠카는 판매 실적이 거의 없었다고 한다.

패션업계
사람들

"우아할 수 없다면,
최소한 엉뚱해지기라도 하라!"

모스키노

이탈리아의 대학교 졸업자 비율은 20%가 되지 않는다.[4] 한국에서는 상상조차 안 되는 비율이다. 이탈리아의 국립대학교는 부모의 소득에 따라 등록금이 다른데 소득이 낮을 경우 등록금이 무료나 다름없을 만큼 저렴하기 때문에 인기학과나 명문과는 그곳을 입학하기 위해 재수, 삼수를 하는 경우가 종종 있다. 하지만 기본적으로 대학에 입학하는 것이 어려운 일은 아니다. 사립대학교들은 등록금이 비싸므로 일정 수준 이상의 학생들이 지원하며, 각 대학교에 맞는 소정의 적합성 테스트를 통과해야 입학할 수 있다. 한국의 입시와 비교하면 훨씬 덜 치열하다. 하지만 졸업은 이야기가 좀 다르다. 한국은 어지간히만 따라 가면 대부분 제때 졸업할 수 있지만 이탈리아 학생들은 대학을 졸업하는 데 평균 7년이 소요된다. 그만큼 제대로 공부를

---

4 처음 이탈리아에 왔을 때는 10%가 되지 않는다는 통계를 본 적이 있다. 그러나 10여 년의 시간이 흐르는 동안 이탈리아 인력도 세대 교체가 되며 최근에는 20% 가까운 비율로 나타난다. 통상 학력조사 통계가 60세 혹은 65세 미만을 기준으로 작성이 되므로 나타나는 현상이 아닐까 생각한다.

하지 않으면 학위를 받기 어려운 곳이 이탈리아다. 초등학교 교육은 거의 놀이 수준이지만 중학교, 고등학교로 올라 갈수록 공부를 잘하기가 어렵다. 이런 환경 탓인지 고졸 비율도 50% 정도 수준이다. 그래서 경제가 좋을 때는 일반 고등학교보다는 취업을 위한 전문 고등학교나 직업 훈련원 같은 곳을 많이 다녔다. 그리고 대학 졸업자나 고등학교 졸업자의 급여 차이도 별로 크지 않아 특별한 개인적 목표가 없는 사람들은 굳이 대학교에 들어가지 않는다.

앞서 언급한 것처럼 자영업이나 공장, 사업을 운영하는 사람들의 자녀들은 부모가 하는 일을 옆에서 지켜보면서 자라고, 자연스럽게 그 일을 잇게 된다. 이탈리아 사람들은 출장을 다니거나 전시회, 여행을 할 때도 대부분 자녀를 데리고 다니므로 특별히 가르치지 않아도 자연스럽게 업무를 체득하게 된다. 변호사나 의사, 건축가 등과 같은 전문직을 목표로 하는 청년을 제외하면 대부분 부모의 회사에서 일을 하고 그 일을 물려받는다. 이탈리아 대부분의 패션기업들도 가족들이 주요 자리를 차지하고 있어서 의욕이 있는 매니저들은 업무 중에 그들과 많이 부딪히고 좌절을 맛본다고 한다. 고위 직급에 있는 사람들이 이직할 때 가장 먼저 확인하는 것은 해당 회사의 처우보다 오너 가족들의 회사 내 평판일 정도다. 이탈리아는 개천에서 용이 나기 어려운 보수적이고 안정적인 사회 환경이어서 타고난 신분을 뛰어넘기가 아주 어렵다. 고급 직업 중에는 폐쇄된 사회 및 조직 구조로 진입 장벽이 높은 직업들이 존재하며, 각각의 이익집단들이 자신들의 이익을 지키기 위한 장벽을 보유하고 있다.

이탈리아의 청년 실업률은 42%가 넘어 가며 정부에서 여러 대책을 내놓지만 특별한 효과가 없다. 유능한 젊은이들은 해외 취업을 위해 떠나기 일쑤다. 이탈리아 최고의 대학으로 꼽히는 보꼬니나 카톨리카대학을 졸업하고도 취업을 못하고 무급의 인턴생활을 전전하고, 월 급여 1,000유로 이하를 받으며 한숨 쉬는 젊은이들을 쉽게 찾아볼 수 있다. 취업으로는 꿈을 찾기 어려운 나라이기에 중소기업을 운영하는 개인 사업가가 더 많아지는 것인지도 모르겠다.

이탈리아 모 대학에서 중국어를 전공하고 중국에 어학 연수를 1년 다녀온 L이라는 청년을 6개월가량 인턴사원으로 채용한 적이 있다. 똑똑하고 열심히 일하는 친구였는데 우리 회사에서는 적당한 기회를 주기가 어려웠다. 결국 1~2년 정도 비슷한 일을 하다가 밀라노 L 매장에 판매사원으로 취업을 했다.

패션 인력 중 디자이너는 전문 지식이 필요하여 대학 졸업자나 전문학교를 졸업한 사람을 선호하지만 나머지 자리는 대부분 현장에서의 경력과 그에 따른 성과를 더 중요시한다. 대부분의 회사가 신입사원을 채용하여 교육하는 것보다는 경력사원을 선호하므로 학교를 졸업한 후, 열심히 인턴생활을 하면서 기회를 잡아야 한다. 패션업계도 이와 크게 다르지 않다.

디자이너

이탈리아에서 디자이너Stilista가 되는 보통의 방법은 패션 관련 학교에서 공부를 한 후, 패션 브랜드나 회사 등에서 인턴Stagista으로 경험을 쌓는 것이다. 대부분의 학교가 학기 중 패션회사나 브랜드와의 인턴십 프로그램을 운영하고 있다. 이탈리아에서 인턴은 말 그대로 회사에서 경험이 없는 사람을 가르치는 것이므로 대부분 무급으로 근무하며 교통비나 점심값 정도를 지원하는 것이 일반적이다. 요즘은 이를 악용하여 매년 새로운 인턴을 활용하고 신입사원을 아예 채용하지 않는 회사들도 있다. 이탈리아에서 가장 큰 외국계 은행의 고위임원을 만났을 때 "우리 은행에서 가장 열심히 일하고 효율이 높은 인력은 인턴이다."라는 표현을 들은 적 있다. 많은 의미가 함축되어 있는, 씁쓸한 현실이다.

인턴십 프로그램을 통해 1~2년 혹은 그 이상 경력을 쌓으며 회사에서 인정을 받으면 정식 디자이너로 채용이 되고, 디자이너로 빨리 자리를 잡지 못하는 사람들은 공장에서 샘플 생산이나 자체 컬렉션을 개발하는 일을 하게 되며, 매장 직원, 쇼룸 근무 등으로 경력을 바꾸기도 한다.

그러나 다른 공부를 하거나 다른 직업을 가지고 있다 가도 본인의 열정이나 재능을 살려 패션업계에서 성과를 거두는 사람들도 있다. 대표적인 인물이 조르지오 아르마니다. 아르마니는 의학도였으나 학교를 다니던 중 공부를 중단하고 군대에 입대했다. 짧은 휴가 도중 돈을 벌기 위해 리나센테 백화점에서 일을 구했고, 이를 계기로 패션에 흥미를 느끼게 되어 1957년부터 1964년까지 본격적으로 리나센테 백화점에서 디스플레이어와 바이어로 일을 하게 되었다. 1964년 니노 체루티^{Nino Cerruti}에게 발탁이 되어 1970년까지 이트만^{Hitman}에서 디자이너로 일했고, 이를 기회로 1974년 본인 이름을 건 남성복 매장을 오픈해 운영하면서 자신의 브랜드를 전개할 수 있었다. 1975년에는 조르지오 아르마니$^{Giorgio\ Armani\ Spa}$를 설립하고 처음 여성복 컬렉션을 시작하여 세계적인 디자이너로 추앙 받는 오늘에 이르게 되었다.

한국인 중 최근 IT와 패션을 접목한 컬렉션으로 2013년 이탈리아 보그 탤런트에 선정되며 무서운 신인으로 떠오르고 있는 이승익^{Rick} ^{Lee} 디자이너도 비슷하다. 한국에서 산업디자인을 공부하고 LG 케미칼에서 근무하던 이승익은 이탈리아로 유학을 와서 몇 곳의 인턴을 거쳐 제일모직 밀라노 법인에서 이탈리아 현지 생산 업무를 경험했다. 생산 현장에 대해 잘 모르는 디자이너들도 많은데 이승익은 이때 배우고 경험한 생산 지식이 지금 현재 본인의 컬렉션을 만드는 데 많은 도움이 되었다고 한다.

디자이너는 대부분 브랜드에서 정직원보다는 컨설턴트로 계약을 해서 자유롭게 근무하는 경우가 많다. 통상 한 명의 디자이너가 프로젝트 베이스로 2~3개의 브랜드 일을 같이하지만 드물게 브랜드에 정식 입사해 일을 하거나 독점 계약을 해서 한 브랜드의 일만 하는 경우도 있다. 브랜드 입장에서는 디자이너가 오랫동안 한 회사에 근무하면 충실히 매시즌 컬렉션을 만들어 내는 장점도 있지만 매너리즘에 빠져 식상한 디자인을 만들어 낼 수 있다고 판단하기 때문에 2~3년에 구성원 1~2명을 바꾸는 것이 보통이다.

프로덕트 매니저

프로덕트 매니저$^{Product\ Manager,\ PM}$는 한국의 머천다이저$^{Merchandiser,\ MD}$와 비슷한 개념이지만 하는 일은 조금 다르다. 이탈리아의 PM은 디자

크리에이티브 디렉터 라포 엘칸과 미팅 중인 필자

이너와 협력하여 디자인을 상품화시키는 역할에 초점이 맞추어져 있다. 능력 있는 전문 PM들은 디자이너의 스케치만 가지고 주변 기반을 활용하여 완성된 제품을 만들어 낼 수 있다. 이들은 스케치를 기본으로 제품을 추정하여 예상 판매가를 산정하며 원부자재 소싱뿐만 아니라 적합한 공장, 생산 단가까지 조율하고 결정한다. 생산 초기 단계에 판매가에 적합한 제품을 만들기 위해 원단의 대체 소싱이나 적합한 부자재를 찾아내고, 디자이너나 모델리스트와의 조율을 하는 것도 PM의 역할이다. 큰 규모의 회사에서는 생산 책임자를 별도로 두기도 하지만 소규모 회사에서는 통상 PM이 생산 보조와 함께 생산 관련 업무 일체를 진행한다.

　PM의 능력에 따라 브랜드의 성과가 좌우된다고 할 수 있을 정도로 PM은 브랜드 상품 경쟁력을 좌지우지한다. 디자인, 제품, 봉제 및 생산 전반에 노하우가 쌓여 있어야 제역할을 다할 수 있는 PM이라 할 수 있다. 특히 기능성 제품이나 가죽류에 있어서는 브랜드의 핵심 기술과 노하우를 보유하고 있는 사람으로 제너럴 매니저^{General} ^{Manager}만큼 좋은 대우를 받는 경우가 많다.

라포 엘칸

　한국인에게는 좀 낯설지만 이탈리아 인디펜던트의 대표 디자이너이며 피아트 그룹의 크리에이티브 디렉터인 라포 엘칸을 소개한다.

　1977년 10월 7일 뉴욕에서 태어난 라포 엘칸은 피아트사의 창업자 쟌니 아넬리의 딸 마르게리타 아넬리와 작가이자 기자인 알란 엘칸의 둘째 아들로 태어났으며, 형 존 엘칸(John Elkann, 1976년생)은 현재 피아트사의 사장이기도 하다. 금수저를 물고 태어난 이 청년은 파리에서 고등학교를 졸업하고, 런던에서 국제학을 공부했으며, 1994년 가문 전통에 따라 피아조아 폰테드라 공장에서 가명으로 기계공으로 근무하며 근로자 환경 개선을 위한 파업에도 참여했다.

　최고급 자동차 브랜드인 페라리, 홀딩 그룹 살로몬 스미스 바니, 식품 대기업인 다농을 거쳐 자동차 회사 마세라티의 마케팅 부서에서 4년 반 동안 근무하며 다양한 경험을 쌓은 라포 엘칸은 2002년 피아트사에 입사, 브랜드 홍보 업무를 맡아 유명세를 타기 시작했다. 2004년 피아트, 알파 로메오, 란챠 등 피아트 그룹의 전 브랜드 홍보 담당 책임자가 되었으나 2005년 헤로인 등 마약 과용으로 코마 상태로 발견되어 생사의 위기를 넘기고 미국으로 요양을 갔다.

2006년, 라포 엘칸은 의류와 액세서리 브랜드인 이탈리아 인디펜던트(Italia Independent)를 론칭하며 이탈리아로 돌아왔다. 그의 첫 컬렉션 테마는 '논 브랜드(Non Brand)'로 고객에게 구매 제품을 개인화할 수 있는 기회를 제공한다는 의미였는데, 2007년 1월 피티 워모에서 첫선을 보인 카본 소재의 안경을 시작으로 새롭고 혁신적인 소재로 제작한 시계, 귀금속, 자전거, 스케이트보드, 여행용품 등을 선보여 큰 이슈가 되었다.

2007년에는 '인디펜던트 아이디어'라는 스튜디오를 설립하여 홍보 및 크리에이티브 관련 활동을 적극적으로 시도했고, 현재 이탈리아 인디펜던트의 얼굴이자 전세계 패션의 셀레브리티로 가는 곳마다 매체의 주목을 받고 있다.

프로덕션 매니저

프로덕션 매니저^{생산 관리자, Production Manager}는 말 그대로 제품을 생산하는 일을 하며 그 관련 업무를 책임지고 관리하는 사람이다. 특별히 어떤 공부를 한 사람이 적합하다는 조건은 없지만 대부분 디자인을 전공했거나 생산 현장 출신이 많다. 디자이너로 사회생활을 시작했다가 본인의 진로를 생산 쪽으로 바꾼 사람들이다 보니 제품에 대한 제반 지식이 탁월하다. 이탈리아는 자가 공장에서 생산하는 브랜드보다는 협력업체를 통해 외주 생산을 하는 회사가 훨씬 많기 때문에 프로덕션 매니저는 생산에 필요한 기능을 보유한 업체를 찾고, 다양한 거래선들과의 협상, 관리 등을 도맡게 되며, 제품의 품질, 원가, 납기^{Quality, Cost, Delivery –QCD} 관리의 역할까지 한다.

생산 에이전트

이탈리안 브랜드뿐만 아니라 유럽이나 미국의 명품 브랜드들도 고급 제품은 이탈리아에서 생산하는 경우가 많다. 해외업체의 경우 이탈리아 현지에 생산 사무소를 운영하는 경우도 있지만 규모가 크지 않은 경우 생산 에이전트[생산 컨설턴트]나 생산 전문가와의 컨설턴트 계약을 통해 현지 업무를 진행한다. 현지에 있지 않은 상태로 원하는 제품을 제대로 생산하기는 어려우므로 이들의 역할은 브랜드 상품 개발이나 생산을 맡아서 한다. 주요 역할은 역시 QCD[Quality, Cost, Delivery] 관리로, 생산 관리자의 기본이자 주요 업무다. 원부자재 수급 및 품질 문제부터 생산 과정에서 생기는 여러 문제점을 수시로 협의 해결하고 상품의 품질 및 납기까지 관리한다. 모든 것을 본사에 보고하고 회신을 받고 의사결정을 하는 경우 제대로 계획된 납기를 맞추기 어려우므로 탁월한 생산 지식을 바탕으로 스스로 의사 결정을 할 수 있는 능력을 갖춰야 하고, 현지에서 공장을 수시 방문 관리 감독하면서 원활한 커뮤니케이션을 통해 원하는 결과를 만들어 내야 한다. 은퇴한 생산 전문가나 에이전트가 대부분이다. 이탈리아 생산 에이전트 중의 하나인 큐 패션[Kyu Fashion]을 간단히 소개한다.

이탈리아의 가장 전형적인 생산 에이전트이다. 일본 시장을 기반으로 이탈리아 전역에 산재해 있는 공장이나 브랜드를 소개해 주고 커미션을 받는 사업을 한다.

밀라노에서 약 2시간 거리에 위치한 만토바 지역에 소재한 '큐 패션'은 2001년 3월 일본 유학을 마치고 돌아온 모니카(Monica Luitprandi)와 동향 후배인 마르코(Marco Zanini)가 만든 회사다. 바이어의 요청에 의한 소싱 혹은 자체적으로 의류 및 액세서리를 생산하는 우수한 업체를 개발해 유럽, 미국과 일본, 한국의 바이어에게 연결해 주는 중개업무를 주로 하며, 경우에 따라 품질검사 업무까지 대행해 준다. LVMH 및 일본 지사를 통한 안정적인 매출을 바탕으로 다른 나라와도 거래를 하지만 일본 외 다른 나라와의 거래 규모는 그렇게 크지 않은 편이다.

패턴사

"이탈리안 스타일Italian style을 한마디로 표현하면 무엇일까?" 이탈리아의 패션업계 종사자들을 만날 때마다 이 질문을 해보았다. 그들에게서 가장 많이 얻은 대답이 '스타일리시'였다. 프렌치 스타일에 대한 답은 '엘리건트'였고, 아메리칸 스타일은 '캐주얼'이 가장 많았다. 이탈리아 디자이너들이 스타일리시 다음으로 많이 언급한 표현 중에 '섹시'도 있었는데, 결국 스타일리시 안에 섹시의 의미도 포함되는 것이 아닐까 생각한다. 즉, 이탈리아에서는 전세계에서 가장 섹시하고 스타일리시한 옷이 만들어진다고 정의할 수 있다. 여기서 가장 큰 역할을 하는 사람이 패턴사Modelista, 모델리스타이다. 물론 디자이너의 디자인에 맞추어 패턴을 만드는 것이지만 디자이너의 감성적인 부분까지 살려내어 몸에 제일 아름답게 맞는 옷이 되도록 기본 설계 작업을 하는 사람들이 바로 패턴사다.

패션계에 몸을 담으면 입체 패턴[5]이라는 말을 자주 듣고 사용하게 된다. 개인적인 의견이지만 사람의 몸을 분석해서 만들어 내는 입체 패턴 분야에서는 이탈리아가 전세계에서 가장 앞서 있는 나라가 아닐까 생각한다.

과거 한국의 패턴사^{모델리스타}는 양복점의 재단사 출신들이 대부분이었다. 그러나 최근에는 관련 학교나 학원도 많이 생기고 해외에서 공부한 유학생들이 귀국하여 관련 업종에 많이 진출하고 있어 패턴 인력도 많이 젊어지고 있다. 이탈리아 패턴사의 경우 학교에서 공부한 사람들도 있지만 공장에서 도제 형식으로 실무를 하며 배운 사람들도 많다. 학교에서 패턴 수업을 들으며 공부했더라도 실무를 하며 배우는 것과 비슷하다. 학교의 교수진은 대부분 실무 전문가들이기 때문이다. 보통 패턴 관련 교수는 회사나 브랜드 관련 실무를 하면서 학교에서 강의도 하는 경우가 많다.

한국과는 달리 패턴사도 디자이너들처럼 자신의 스튜디오를 열어 시즌 혹은 연간 계약을 통해 패턴을 만들어 주거나 혹은 샘플까지 생산해 주는 서비스를 하는 회사도 있다. 앞에서도 언급했지만 모든 브랜드가 성수기 샘플 생산을 제일 힘들어하는데 이것을 대행해 주는

---

5 평면 패턴이 몸의 사이즈를 측정하여 종이에 그려서 만드는 데 반해, 입체 패턴은 바디(인형)나 인체 위에 옷감을 실제 입혀 보면서 만드는 것이므로 몸의 곡선이나 아름다움을 제대로 표현할 수가 있다. 그리고 소재에 따라 그 특성을 살리는 패턴을 만들 수가 있다.

상품 개발 회사를 운영하는 사람들 대부분이 프로덕션 매니저 혹은 패턴사 출신이다. 회사에 따라, 스타일에 따라 많이 다르지만 패턴 외주 작업 하나에 평균 500~2,000유로 수준의 비용이 청구된다.

최근에는 이탈리아도 생산 기반이 많이 붕괴되고 해외 소싱이 많이 늘어나면서 중국이나 신흥 소싱국에서 이탈리아 패턴사에 대한 수요가 많다. 그들이 '이탈리안 스타일', '이탈리안 패션'이라는 콘셉트로 현지에서 자체 브랜드를 진행하더라도 제대로 제품에서 이탈리아 분위기를 느끼게 만들기 위해서는 이탈리아 구스토^{Gusto, 맛}를 제품에 구현해 낼 수 있는 사람이 필요한데, 그들이 바로 패턴사다. 보통 패턴사들은 봉제에 대한 지식도 거의 완벽하다. 그래서 이들은 패턴 제작뿐만 아니라 공장의 기술지도 업무를 병행하는 경우가 많다. 그러나 제품 생산 과정에서 패턴사와 공장과의 트러블도 상당히 많이 생긴다. 제품이 잘못 생산되었을 경우 이것이 패턴 문제인지 봉제 때문인지 애매한 경우가 많기 때문이다. 패턴이 완성되었다는 것은 공장에서 작업할 수 있도록 만들어진 상태를 말한다. 능력이나 경험이 떨어지는 패턴사의 경우 공장의 작업방식을 이해하지 못하는 패턴을 만들어 공장과 문제가 생긴다. 공장마다 조금씩 작업방식이 다르고 재단방식이 다르므로 이런 부분을 감안한 패턴을 제공할 수 있어야 진정한 마에스트로 대접을 받을 수 있다.

봉제라는 작업은 참 어렵다. 의류 제품이 공산품처럼 찍어 낼 수 있는 것이 아니어서 동일한 패턴을 가지고 두 군데 공장에서 옷을 만들면 두 가지 옷이 나오고 세 군데 공장에서 만들면 세 가지 종류의 옷이 나온다. 공장마다 패턴을 해석하는 방법이 다르고 시접이나 작업 방법이 다르기 때문이다. 물량이 너무 많아 두세 군데 공장에 나누어서 생산을 하는 경우가 발생했을 때 각 공장의 생산방식에 따른 미묘한 차이를 이해하고 그것을 패턴에 접목시켜 생산 공장의 제품 차이를 최소화시켜야 훌륭한 패턴사라고 할 수 있다.

디자이너 또는 패턴사의 의도대로 제품이 생산되도록 공장의 작업 방법을 현실화하고 지도해야 하는 것도 패턴사의 몫이다. 큰 공장인 경우는 대부분 내부에 패턴을 사이즈별로 그레이딩하거나 재단을 위한 마카 작업을 위해 캐드실을 보유하고 있다. 자신의 작업방식에 맞게 보정할 수 있는 내부 패턴사를 고용하고 있는 회사도 많다.

이탈리아 패션 산업의 발전과 가장 비슷한 길을 걸어온, 지금은 자신의 스튜디오를 열어 개인 사업을 하고 있는 패턴사 알도 보넬리[Aldo Bonelli]를 소개한다.

알도 보넬리

알도 보넬리는 2014년, 60세의 나이로 자신의 이름을 건 메종 보넬리(Mason Bonelli, www.aldobonelli.it)라는 정장, 셔츠 중심의 맞춤복 사업을 시작했다. 그는 7살 때 이탈리아 남부 칼라브리아 주에 있는 작은 마을 프랑카빌라에 위치한 양복점의 재단 보조로 일을 시작했다. 1977년까지 재단사로 근무하다가 에르메네질도 제냐 공장인 인코(Inco)에 입사하여 패턴사로 근무하게 된다. 1989년까지 12년간의 패턴사로 일하며 남성복 패턴의 전문가가 되어 베르사체, 미쏘니, 발렌티노, 지안프랑코 페레, 이사이아 등에서 패턴 책임자로 일하게 된다.

성장하는 한국이나 중국의 고급 기성복 및 맞춤복 시장에서 이탈리아 스타일을 표방

하는 고급 패턴 기술의 수요가 증가하여 알도 보넬리는 한국, 중국 등의 회사와 컨설팅 계약을 통해 패턴 고문으로 6년여 간 근무한 후 지금은 이탈리아 베로나에 정착하여 살고 있다. 어린 노동자로 일을 시작하여 학업도 멀리한 채 40여 년 외길을 걸어 마에스트로가 된다는, 한편의 영화 같은 스토리가 실제 그의 인생이다. 이탈리아에서는 아무도 그의 무학을 비난하지 않는다. 특수 전문직을 제외하면 실제 학력보다는 어떤 기술과 기능을 가지고 있느냐가 더 인정받고 대우받는 나라. 이탈리아 패션업계는 여전히 이런 사람들의 세상이다.

제너럴 매니저

이탈리아에서 제너럴 매니저$^{General\ Manager}$라고 하면 그 사업의 책임자를 말한다. 작은 회사인 경우 사업주들도 제너럴 매니저라는 직함을 사용한다. 어느 정도 규모가 있는 회사에서는 업계 경력 20~30년 정도의 전문인력들이 경영자인 제너럴 매니저로 일한다. 이들은 사업에 대해 시작부터 끝까지 경영을 책임진다. 사업주의 성향이나 전문 분야에 따라 조금씩 역할이 달라지지만 일반적으로 제너럴 매니저가 있는 회사는 조직이 크게 관리기능과 영업기능으로 구분되어 있고, 제너럴 매니저는 상품조직과 영업조직을 이끌며 사업을 총괄 운영하는 사람이다.

이들의 급여는 회사나 능력에 따라 천차만별이지만, 샐러리맨으로서의 가장 높은 단계인 만큼 일반 직원들과는 비교도 할 수 없는 고액의 급여를 받는다. 이탈리아 제너럴 매니저 전체 연봉을 평균으로 계산하면 15만 유로이며, 몇백 억대 매출의 중견회사를 기준으로 하면 20만 유로 전후 수준이다. 복리후생이나 기타 비용을 감안할 경우

회사가 감당하는 비용은 50만 유로가 넘어 간다. 사업주 외 제너럴 매니저가 근무하고 있다면 이런 경비를 감당하고도 남을 만큼의 수익률이 좋은 회사로 보면 된다.

통상 이탈리아의 제너럴 매니저들은 그들의 경력을 바탕으로 전세계 네트워크를 보유하고 있다. 대부분 그들의 시각이나 사고방식 자체가 글로벌을 기준으로 잡혀 있고 그런 방식으로 일을 한다. 이들을 통하면 업계 전반에 숨어 있는 이야기나 브랜드, 사람들에 대한 정보 수집도 가능하다. 하지만 때로는 글로벌 인맥만을 자랑하며 실무는 방치하는 사람도 있으므로 규모에 안 맞게 작은 브랜드가 욕심으로 이런 사람을 고용했다가 낭패를 보는 경우도 자주 본다. 이탈리아에서 사업을 할 때 사업주나 VIP들을 많이 아는 것도 중요하지만 제대로 사업을 하려면 능력 있는 제너럴 매니저들과의 네트워킹이 필수다.

이탈리아에서 사업주와 제너럴 매니저가 서로의 역할을 가장 잘 수행하고 있다는 스포츠웨어 컴퍼니^{Sprotswear Company}의 리베티^{Mr. Carlo Rivetti}와 마사르디^{Mr. Roberto Massardi}를 소개한다.

리베티는 이탈리아 GFT 그룹(이탈리아에서 최초로 기성복을 선보인 기업) 설립자 가문의 일원이었으나 1993년 CP컴퍼니와 스톤아일랜드 브랜드 사업을 분사해 그룹을 나오면서 스포츠웨어 컴퍼니를 운영하였다. 그러나 그는 영업이나 현장 경영보다는 상품 개발에 관심이 더 많았으며 실제 모든 사람이 그를 크리에이티브 디렉터라고 부를 정도로 개발 능력이 탁월했다 그의 탁월한 감각과 상품 개발력 덕분에 회사가 가파르게 성장을 하자 2005년 프라다에서 사업개발을 총괄하던 로베르토 마사르디를 스카우트한다. 이로 인해 리베티는 상품에 좀 더 집중하여 차별화된 상품을 개발할 수가 있었고, 좋은 상품 덕분에 마사르디도 영업 및 경영 전반에서 좋은 성과를 이룰 수 있었다. 이 회사는 2011~13년의 3년간 평균 15%씩 매출이 신장했다. 최근 리베티의 2세들이 회사 내 주요 부문을 맡으며 근무를 시작했으니, 앞으로 이들의 역할과 성과를 지켜보는 것도 흥미로울 것이다.

세일즈 매니저

세일즈 매니저Sales manager는 제너럴 매니저의 통제를 받으면서 영업을 책임지는 사람이다. 그러나 규모가 작은 브랜드의 경우 통상 제너럴 매니저와 세일즈 매니저 역할을 겸직하는 경우가 많다.

대형 브랜드는 자가매장, 직영매장을 통해서 소매 영업을 하지만 이탈리아 브랜드 대부분이 상품을 판매한다는 개념 자체가 도매업이고 이것은 쇼룸이나 에이전트를 통해 영업을 하는 것을 말한다. 이에 세일즈 매니저들은 상품보다는 바이어들과의 인맥 형성에 더 집중을 하는 경우가 많다. 대부분의 세일즈 매니저들은 연중 6개월 이상 해외 출장을 다닌다. 해외에 산재된 현지 에이전트를 방문, 독려하고 주요 고객의 매장을 방문하여 협력을 강화하는 임무를 수행해야 하기 때문이다. 패션업계는 봄·여름, 가을·겨울 두 시즌으로 나누어져 있으므로 세일즈가 끝나는 3월, 9월 이후 이들 대부분은 출장 중이다.

20여 년 전 필자가 이탈리아에 출장 오던 초창기에는 호텔에서도 영어가 안 통하는 경우가 많았다. 그나마 각 브랜드의 세일즈 매니저들이 완벽한 이탈리안 잉글리시로 반겨 주는 것이 얼마나 푸근했었던지……. 요즘은 이탈리아에서도 국제화를 위해 영어가 필요하다는 인식이 높아져 초등학교 때부터 영어를 가르치는 등 영어교육을 강조하는 분위기지만 1990년대만 해도 영어를 구사하는 사람을 찾기가 어려웠다.

이탈리아 패션 산업에서 영업을 담당하는 에이전트와 쇼룸의 중요성은 말로 표현하기 어려울 정도다. 영업과 패션은 하나라고 할 수 있을 정도로 완벽하게 연계되어 있다. 이탈리아에서 패션 제품은 대부분 디자이너와 바이어가 직접 만나는 방식으로 유통이 이뤄진다. 시즌이 시작되기 전 패션쇼가 열릴 때 바이어는 브랜드의 쇼룸을 찾아 실물을 보며 발주한다. 따라서 각 브랜드나 디자이너가 제품을 선보일 수 있는 쇼룸과 바이어와 디자이너를 연결시켜 주는 에이전트의 역할이 패션 영업의 거의 전부라고 할 수 있다.

우리나라는 각 브랜드가 글로벌 시장을 독자적으로 개척하는 경우가 많다. 해외 진출을 추진하는 브랜드나 회사는 현지에 있는 에이전트나 쇼룸을 직접 선별하고 개척해야 하는 상황이다 보니 우리나라 패션 산업의 발전이나 글로벌화를 위해서는 해외시장을 개척할 수 있는 전문 에이전트 육성이 매우 중요하고 시급하다. 이탈리아의 패션 에이전트들의 역할이나 쇼룸 사업은 우리에게 좋은 벤치마킹 사례가 될 수 있다.

세일즈 에이전트

한때 이탈리아의 패션 에이전트 중 여성 에이전트의 비율은 20% 정도에 불과했지만, 최근 여성의 비율이 조금씩 늘어나고 있다. 패션 산업이 발달함에 따라 에이전트의 역할 또한 단순 중개인에서 토털 마케팅 솔루션을 제공하는 것으로 그 역할이 확대되고 있다. 과거에는 제품 제작자와 판매자의 역할이 크게 구분되지 않아 전문 패션 에이전트의 필요성이 크지 않았고 그 역할도 단순 중개에 그쳐 마케팅의 개념이 거의 없었다. 하지만 최근에는 규모가 커져 남성복, 여성복, 아동복, 섬유 원단 및 부자재, 액세서리 등 제품 카테고리별로 각각 전문 에이전트들이 활동하고 있으며 패션 에이전트들은 제품 홍보, 세일즈, 파트너십, 거래처 사후 관리 등 영업 관련 토털 마케팅 솔루션을 제공하고 있다. 특히 최근에는 에이전트 간 경쟁이 치열해 과거 에이전트들에 비해 외국어 능력, IT 능력, 협상 능력 등 전반적인 업무 능력이 크게 향상되고 전문화되었다.

패션 산업의 세계화에 따라 이탈리아 패션 에이전트 규모는 더욱 확대되고 에이전트들에게 요구되는 역할도 더 많아지고 있다. 지금도 대형 멀티 브랜드 쇼룸을 방문해 보면 러시아어, 중국어 등 다양한 외국어가 가능한 인력이 상주하고 있다. 그뿐만 아니라 미국, 러시아, 중국, 일본 등지에도 이탈리아 브랜드의 쇼룸이 지사나 지점을 설립하고 영업을 개척하고 활동하는 곳도 상당수 있다. 이탈리아뿐만 아니라 선진국에서 에이전트의 영업권은 상당히 존중을 받는다. 한국의 많은 기업이 해외 진출을 위해 큰 고민 없이 에이전트 계약을 하는데, 계약 시 반드시 현지 변호사의 자문과 검토가 필요하다. 특히 에이전트가 개발한 영업권은 상당 기간 보호를 받는데, 영업이 잘 안 되는 경우는 큰 문제가 없지만 영업 개발이 잘되는 경우, 오히려 에이전트에 휘둘리거나 계약파기나 변경 시 10년 이상의 영업권을 보상하는 경우가 생기기도 한다.

쇼룸

바이어에게 제품을 선보일 수 있는 쇼룸 없이는 이탈리아에서 패션 비즈니스를 수행하는 것은 현실적으로 불가능하다고 할 수 있다. 그래서 신규 사업을 시작할 때는 자체 쇼룸을 운영하거나 멀티 쇼룸을 선택하는 일이 제품 생산과 반드시 병행되어야 한다. 쇼룸은 주로 밀라노에 운집해 있으며 밀라노에만 1,000여 개의 쇼룸이 영업을 하고 있는 것으로 알려져 있다. 시내 중심가에 있는 쇼룸의 면적은 단독 쇼룸의 경우 보통 100평방미터 전후 정도이고, 대체로 몬테나폴레오네 주변 시내에 위치하고 있으며 아르마니, 제냐 본사가 있는 토르토나 시역도 쇼룸 밀집 지역으로 발전하고 있다.

이탈리아 경제에서 패션 산업이 차지하고 있는 중요성을 감안해

쇼룸 명	설립 연도	특징
STUDIO ZETA	1985	• 마우로 갈리가리(Mauro Galligari)가 설립한 30년 역사의 이탈리아 대표적인 쇼룸으로 명성과 인지도가 높음 • 디자이너, 컨템포러리, 캐주얼, 액세서리 등 폭넓은 브랜드 보유 • 유망 브랜드 발굴 능력과 세일즈, 마케팅이 능력이 좋음 • 주요 브랜드: ALBINO, Gabriele Colangelo, Anna Purna 등
RICCARDO GRASSI	2012	• STUDIO ZETA의 공동 오너였던 리카르노 그라시가 신규 오픈한 쇼룸 • 남·여성복을 포함한 컨템포러리 및 캐릭터가 독특한 브랜드를 많이 보유 • 주요 브랜드: Giambattista Valli, MSGM, N21, Chatcwin, Raparo, County of Milan by Marcelo Burlon 등
BRERAMODE	1988	• 800m² 넓이의 미니멀한 밀라노 대표 쇼룸 중 하나로 남·여성복과 액세서리까지 다양한 브랜드 보유 • 밀라노 화이트, 트라노이 등 전시회 성격에 따라 보유한 컬렉션들을 그룹핑해서 함께 소개함 • 주요 브랜드: Robertoa Collina, Apuntob, Lorenza Pambianco 등
DANIELE GHISELLI DIFFUSIONE	1991	• 장난감 공장이었던 1,000m² 규모의 장소를 3개의 공간으로 구분해 새로운 브랜드를 많이 소개하고 있는 쇼룸 • 남·여성복과 액세서리 등 젊고 캐릭터 강하며 유머러스하고 아방가르드한 성격의 컬렉션을 전개 • 주요 브랜드: Hunter, Murberry 등

〈계속〉

쇼룸 명	설립 연도	특징
LA DISTRIBUTION	1994	• 레오나르도 카파넬리(Leonardo Cappannelli)와 알 레산드로 마르체시(Alessandro Marcheschi)가 설립 한 1,300m² 규모의 쇼룸 • 알렉산더 맥퀸의 론칭에 참여 • 디자이너 및 유명 브랜드 위주로 소개 • 주요 브랜드: Chloe, Loewe, Current Elliott, Chalayan, James Perse 등
MASSIMO BONINI	1980	• 슈즈를 선보이는 밀라노의 대표적인 액세서리 전문 쇼룸으로 마시모와 사브리나 남매가 운영 • 63개 나라의 바이어와 거래 중이고 밀라노 쇼핑 중 심지 몬테나폴레오네에 위치 • 주요 브랜드: Karl Lagerfeld, N21, MSGM, Versace 슈즈 라인
SARI SPAZIO	1988	• 줄리오 디 사바토(Guilio Di Sabato)가 설립한 쇼룸 으로 이탈리아 브랜드 외에도 스칸디나비아, 유럽, 중동 등 50여 개국 이상 3천여 명의 거래선 보유 • 데님을 비롯한 캐주얼에서 엘레강스, 럭셔리까지 다양한 브랜드 전개 • 주요 브랜드: Jenny Packham, Jacob Cohen, Maden Art, Allegri 등
WIVIAN'S FACTORY	1993	• 위비앙 보디니(Wivian Bodini)가 7개의 에이전트를 모아서 하나의 쇼룸으로 구성 • 1915년대 공장부지를 쇼룸으로 재구성한 공간에 약 60여 개의 남·여성, 아동, 액세서리, 란제리 등 다 양한 브랜드 취급 • 800곳의 거래선 보유 • 주요 브랜드: Henry's Cotton, 313, Hertego, AI Storm, Jeckerson, Marina Yatching 등

출처 : Largo Consumo 등

정부나 관련 협회에서도 지속적인 지원을 하고 있다. 이탈리아 패션 협회는 밀라노의 쇼룸이나 브랜드 리스트를 홍보 책자로 만들어 세계 각국에 홍보해 브랜드와 에이전트 사이의 정보 고리 역할을 수행하고 있다.

홍보 대행사

상품이 아무리 좋을지라도 브랜드가 알려지지 않으면 아무런 소용이 없다. 일반 사람들이 생각하는 화려한 패션업계 종사자의 모습은 패션 홍보 담당자의 모습과 가장 가깝지 않을까 생각한다.

홍보 담당자란 브랜드의 이미지를 만들어 내고, 만들어진 이미지를 홍보하는 역할을 하는 사람들을 말한다. 단순 홍보뿐 아니라 브랜드 이미지 컨설팅, 이벤트 주관, VIP 관련 업무 등까지 수행한다. 프라다, 구찌 등 대규모 브랜드는 회사 내부에 홍보부서를 두어 자체적으로 브랜드 이미지를 관리하지만, 대부분의 브랜드는 홍보 대행사를 활용한다. 홍보팀은 광고, VIP, 이벤트 등으로 세부 분야가 나누어지며 최근 디지털 분야가 여기에 포함되었다.

광고 분야를 담당하는 홍보 담당자는 브랜드의 가장 공식적인 이미지를 관리한다. 브랜드의 광고를 효율적으로 게재하기 위해 각 잡지의 배포 수, 이미지, 독자층을 고려하여 광고 페이지를 배분하고 이미지를 선정한다. 또한 잡지 기자들과 밀접한 관계를 유지하며 꾸준히 브랜드에 관련한 기사를 매체에 노출시키는 일을 담당한다. VIP 홍보 담당자는 말 그대로 스타들과 VIP를 담당하면서 의상 협찬^{PPL}을 전담한다. 이벤트 홍보 담당자는 브랜드가 패션쇼나 프레젠테이션 등과 같은 행사를 할 때 어떻게 효과적으로 브랜드를 소개할 수 있는지에 대하여 연구하고 기획하는 일을 하게 된다. 과거와는 달리 대부분의 이탈리아 브랜드들이 독자적으로 행사를 진행하는 요즘, 옷보다도 더 멋진 쇼를 만들기 위하여 고군분투하는 이들이다.

최근 새롭게 등장한 디지털 홍보 분야는 모든 온라인 관련 분야의 업무를 맡는다. 온라인 기자, 블로거들과의 협업 등을 주 업무로 하며, 브랜드의 규모가 작은 경우 브랜드의 페이스북, 트위터 등의 소셜 채널 운영을 전담하기도 한다.

**카를라
오토**

이탈리아 홍보업계의 대모인 카를라 오토(Karla Otto)는 1970년대 패션 모델로 활동하던 독일인으로 이탈리아의 유명 디자이너인 엘리오 피오루치(Elio Fiorucci)의 브랜드 홍보를 맡으며 패션 PR계에 데뷔하게 된다. 피오루치에서의 경력을 쌓은 후 1982년 자신의 이름을 건 독립적인 홍보 대행사 카를라 오토를 설립하여 프라다, 장 폴 고티에, 질 샌더, 마르니 등의 홍보를 담당했다. 원래 잡지기자들이나 스타일리스트는 각 브랜드들에 직접 방문해 컬렉션을 봐야 했지만, 카를라는 이탈리아 브랜드뿐만 아니라 프랑스, 독일 등 전세계 브랜드의 컬렉션을 자신의 쇼룸에 유치하여 자신의 쇼룸에서 홍보 활동을 하였다. 지금의 질 샌더가 전세계적인 브랜드가 된 데에는 카를라 오토의 역할이 컸다고 한다. 현재 카를라는 밀라노, 파리, 런던, 뉴욕, 로스엔젤레스 등 5개 도시에 사무소를 두고 쇼룸 서비스, 미디어 플래닝, 쇼 이벤트 플래닝, 이미지 컨설팅 등의 전방위 홍보 대행을 맡고 있다.

비주얼 머천다이저

비주얼 머천다이저Visual Merchandiser, VMD는 쇼윈도와 매장 내부를 아름답게 꾸미는 일을 한다. 이는 다시 말해 소비자에게 브랜드에 대한 첫인상을 만들고 상품을 소개하며 매장으로 끌어들이는 역할이다. 특히 이탈리아에 있는 매장들은 전세계 바이어와 매스컴, 패션 관계자들이 주목하는 중요한 곳이므로 VM은 단순한 상품 진열 이상의 중요성을 가지고 있다. 비주얼 머천다이저는 브랜드의 디자이너나 머천다이저들과 함께 주력 상품을 선정하고 컬렉션에 어울리는 배경을 제작하며 효과적으로 상품을 선보이게 하는 역할을 한다. 헤드 VMD는 해당 브랜드가 갖고 있는 전세계 모든 매장의 이미지를 관리하며 서로 다른 매장일지라도 통일된 이미지를 유지할 수 있도록 노력한다. 이탈리아에서 VMD가 되면 1년의 3분의 1 이상은 비행기에서, 나머지 3분의 1은 전세계 브랜드의 매장에서 보내게 된다고 한다.

비주얼 머천다이징은 단순한 쇼윈도의 진열이 아닌 복합적인 요소들로 구성되어 있다. 전체적인 분위기를 제대로 만들기 위해서는 조명과 함께 디자인 요소가 많은 건축과 구조물 제작 등이 효과적으로 맞물려야 훌륭한 디스플레이를 완성할 수 있다.

모스키노

　모스키노는 브랜드 이미지와 잘 어울리는 위트 있고 독특한 느낌의 쇼윈도를 선보여 비주얼 머천다이징의 새 장을 연 브랜드로 평가받는다. 브랜드의 창시자이자 디자이너 였던 프랑코 모스키노는 직접 살바도레 달리(Salvador Dali)의 작품에서 영감을 받은 쇼 윈도를 제작해 유명세를 탔다. 1994년 그가 세상을 떠난 이후 모스키노 VMD 3인방인 죠(Jo Ann Tan), 피에로(Piero Capobianco), 로셀라(Rosella Jiardini)가 모스키노 전세계의 비주얼을 담당하고 있다.

TIP 이탈리아 노동법, 고용 자체가 리스크?

　이탈리아에서의 고용계약은 크게 정규직과 계약직 두 종류로 나뉜다. 정규직은 파트타임, 1년, 2년 등 단기계약을 하는 경우도 있지만, 지속적인 단기계약이 불가 능하기 때문에 결국 종신계약이 된다. 15인 이상이 근무하는 사업장의 경우 1년 단 기계약도 정규직이 되며, 이들은 업무방식이나 상황에 따라 노동 쟁의를 일으킬 경우 계약 기간이 끝나도 재고용을 해야만 하거나, 계약 중단에 따른 보상이 필요 한 경우도 생기므로 정규직 계약을 하면 거의 종신계약으로 보는 것이 좋다.

　비용을 줄이기 위해 회사에서 자주 활용하는 것이 프로젝트 계약직이다. 이것은 특정한 프로젝트에 한해 업무를 수행하는 계약을 하는 것으로 2회까지만 계약 연 장이 가능하다. 출퇴근 시간이나 휴가에 제한이 없으며 근무시간을 통제할 수 없 다. 이 방식은 정규직에 비해 연금지원 부담이 적어 회사에서 선호하지만, 노동자 가 정상 출퇴근 및 근무를 수행했다면 이의제기로 정규직 처우를 받거나 보상을 받을 수 있다.

　이 외에 개인과의 계약 중에 컨설턴트 계약방식이 있는데 이것은 개인이 납세번 호를 발급 받아 회사로 인보이스를 발행하여 청구하는 방식이다. 이탈리아에서는 영업사원이나 디자이너가 이런 형태로 많이 계약한다. 그러나 이 방식 역시 근무시 간이나 휴가 등을 통제할 경우 계약 위반이 되고, 분쟁의 원인이 된다.

사람을 잘못 뽑아도 해고가 불가능한데다 회사에 지속적인 문제가 되므로 주의해야 한다. 이런 리스크를 피하기 위해 필자는 신규 인력을 채용할 때 인력회사를 통해 파견직으로 3개월 계약하여 능력을 확인하고, 필요시 3개월 추가계약을 했으며 이때 최악의 인력을 걸러냈다. 그다음 1년 단기계약을 한 후, 최종계약을 맺어 채용했다. 그러나 이런 과정도 무사히 넘긴 한 직원으로 인해 꽤 고생을 한 경험도 있다. 광적인 클러버였던 그 직원은 출근시간을 잘 지키지 않고 한 달에 몇 번씩 결근도 하는 한국에서는 상상하기 힘든 불성실한 직원이었다. 그러나 늘 본인은 결근이 아니고 휴가라고 주장을 하였고, 주치의 진단서를 발급해 병가처리를 해서 참으로 감당하기 어려웠다. 나중에는 임신, 출산까지 하여 해고가 불가능한 상태였는데, 다행히 다른 직장을 구하며 스스로 회사를 떠났다.

최근 새로 들어선 이탈리아 정부가 노동법 개혁을 통해 해고를 자유롭게 할 수 있는 환경을 만들려고 하지만 노동계의 반발 때문에 쉽지 않아 보인다. 여기서 해고를 자유롭게 한다는 것은 물론 적절한 사유와 그에 따른 적당한 보상이 있을 시에 해고를 할 수 있다는 것을 뜻한다. 미국처럼 아무 때나 고용주 마음대로 해고할 수 있게 하겠다는 것은 아니다. 이탈리아 회사로서 15인 이상 사업장이 되면 노동법의 제약을 상당히 많이 받게 된다. 특히 직원의 해고 관련하여 부당해고로 판단될 경우 재고용 판결이 자주 나온다. 최종 판결이 날 때까지 이탈리아 법원의 정상적인 속도로 10여 년이 소요되는데 이럴 경우 재고용은 물론, 10여 년간의 양측 변호사 비용과 10여 년간의 미지급 급여를 회사에서 부담해야 한다. 그래서 정규직은 해고가 불가능한 종신고용인 셈이다. 법원이 대부분 노동자 편을 들어주기 때문에 문제를 최소화시키는 것이 최선이다.

필자는 밀라노에서 근무하는 동안 관련 사업 철수로 인해 인력을 12명 정도 한꺼번에 해고해 본 경험이 있다. 당시 고문 변호사는 우리 회사가 15인 이상 사업장이므로 외부 노조나 세력의 개입을 가장 주의해야 할 사항으로 이야기했다. 이런 환경들로 인해 기업가들이 회사를 키우려 하지 않는 경우도 많다. 15인 이상 사업장을 안 만들기 위해서 10여 명이 일하는 소기업 5곳을 운영하는 사람도 있었다.

이탈리아에는 3개의 노동조합 단체가 있다. 이탈리아 노동자 총연맹(CGIL), 이탈리아 노동자 조합연맹(CISL), 이탈리아 노동자 연합(UIL) 등에 천만 명 이상이 가입되어 있으며, 그 밖에도 수많은 독립노조들이 있다. 15인 이상 사업장이 되면 노동자들은 노동조합을 만들 수 있다.

이탈리아의 변호사는 약 24만 명으로 전세계에서 가장 많은 변호사를 보유한 국가 중의 하나이다. 법원이 노동자 편인 것뿐만 아니라 배고픈 변호사들이 개인들이 쟁의를 일으키도록 부추기는 것도 노동 문제가 많은 이유 중의 하나이다.

종업원들의 직급 체계는 사원이 5급, 4급, 3급, 2급, 1급, 매니저(Quadro, Manager), 임원(Direttore, General Manager)으로 단순하며 직급에 대한 체류 연한은 없지만 직급에 따라 법으로 어떤 종류의 일을 해야 하는 것이 정리되어 있다. 이탈리아에서 직원 고용 시 직급 관련해서 주의해야 할 사항이 있다. 예를 들어 1급 레벨은 업무를 하는 데 있어서 책임을 지고 의사 결정을 할 수 있어야 한다. 너무 똑똑해 보이고 일을 잘할 것 같아서 고급 직급의 사원으로 뽑고, 회사 사정상 업무 보조를 시키거나 다른 일을 시키게 될 경우 노동법을 지키지 않은 것이 되어 나중에 문제가 될 수 있다. 특별히 책임자로서 할 일이 없는데 한국식 정 때문에 오래 근무했다는 이유만으로 진급을 시키는 경우, 나중에 회사에 부메랑으로 돌아오는 경우가 발생할 수 있다. 자신의 직급은 책임을 지는 직급인데 회사에서 이런 류의 업무 보조를 시켰다고 법원에 제소를 하면 회사는 어떤 상황에서도 백전 백패가 된다. 이탈리아의 근로자들은 대부분 노동법에 익숙하므로 회사 내에서의 업무 지시나 커뮤니케이션에서도 주의해야 한다. 나중에 문제가 되어 상대 변호사의 레터를 받아 보면 메일로 업무 지시한 내용까지 포함되어 있는 경우가 많다.

　휴가는 일반 직원의 경우 유급휴가 22일과 개인이 필요할 때 시간 단위로 자유롭게 사용할 수 있는 '페르메쏘'라는 별도의 휴가가 있다. 15인 이상 사업장에서 일하면 여기에 20시간 정도의 휴가가 추가된다. 출산 휴가는 3년간 쉴 수 있다. 처음 5개월은 100% 급여가 지급이 되고, 그 후 7개월간은 30%, 나머지 2년은 무급이다. 출산 후 3년간은 어떤 사유로도 해고가 불가능하며 본인의 요청에 따라 양육을 위해 근무시간 조율도 가능하다. 회사는 이런 개인의 단축근무 요구를 절대 거부할 수 없다. 노동법이 강하다는 것은 노동자의 편에서 법을 만들었다는 것을 의미한다. 실제 몸이 아플 경우 휴가를 내고 쉬어야 마땅하지만, 이 조항을 악용하는 사례도 많다. 이탈리아 사람은 물론 외국인의 경우라도 한국의 주민등록증과 비슷한 레지덴자라는 것을 받고 주치의를 지정 받으며 100% 공짜 진료를 받을 수 있게 된다. 주치의 처방전으로 약을 사면 약값도 5~10% 수준으로 거의 무료다. 주치의나 아는 의사의 진단서만 첨부하면 언제든 집에서 쉴 수 있다. 예를 들면 "스트레스가 심하여 집에서 휴식을 취하는 것이 좋겠음" 이런 진단서 한 장으로 한 달씩 휴식을 취하는 경우도 있다.

　이런 어려운 고용 환경, 노동법 등을 극복하고 수익을 창출하는 이탈리아 회사는 얼마나 대단하고 훌륭한지 감탄사가 절로 나온다. 고부가가치 사업이나 고수익 사업이 아니면 참으로 견디기 어려운 환경이다. 그러나 이탈리아 모든 회사가 이런 환경을 극복하기 어려우므로 불법 고용, 탈세 등이 사회 전반에 만연되어 있다면 역설일까?

"불황 속 패션은
항상 소란스럽다."

엘사 페레티

이탈리아는 전세계에서 세 번째로 큰 럭셔리 마켓이며 세계 최고의 럭셔리 브랜드 75개 중 23개를 보유하고 있는 나라다. 패션회사는 대부분 중소기업이지만 경쟁력 있는 디자인과 상품으로 글로벌화에 성공한 대기업도 상당 부분을 차지한다. 그러나 최근 이탈리아 패션 대기업뿐만 아니라 전통적인 중소 패션업체들도 다른 나라 자본에 의해 인수 합병되었고, 지금도 많은 기업이 세일 중이다.

프랑스의 패션 대기업 LVMH는 이탈리아 패션 브랜드인 펜디, 불가리, 에밀리오 푸치, 아쿠아 디 파르마, 로로피아나 등을 인수했고, 2013년 밀라노 몬테나폴레오네에 위치한 유서 깊은 카페 코바도 사들였다. 역시 프랑스 기업인 케링Kering. 구 PPR은 구찌를 비롯해 브리오니, 보테가 베네타, 세르지오 로시, 포멜라토pomellato 등을 인수해 운영하고 있다. 이 외에도 다국적의 다양한 자본이 이탈리아에 투자하고 있으며, 지금도 지속되고 있다.

최근 이탈리아의 경기 침체로 인해 내수시장이 부진해지고, 이에 따라 수많은 로드숍들이 폐업 및 도산을 맞거나 상품대를 지급하지 못하는 체불 이슈가 생기고 있다. 이에 많은 브랜드가 도매 의존형 사업만으로 불안함을 느끼고 본인들이 매장을 직접 운영하는 소매 영업을 추진하려는 움직임을 보이고 있다. 이로 인한 자금 수요가 폭발적으로 증가하여 최근 소액 지분Minor share을 매각하겠다는 브랜드가 많아졌다. 페라가모, 몽클레어, 브루넬로 쿠치넬리 등은 지분 매각이 아닌 소규모 지분을 주식시장에 상장을 하여 자금을 확보하기도 했다.

이탈리아에서는 회사 지분 매각 시 공개 입찰보다는 대부분 자신들의 변호사나 회계법인을 통해 파트너를 비공식적으로 찾는 경우가 많다. 물론 대형 은행이나 법무법인은 인수 합병M&A 관련 전문 인력과 부서를 운영하지만 이런 공식적인 창구를 이용하기보다 비공식적인 루트를 통해 파트너를 찾는 것을 선호한다. 이탈리아에서 패션 브랜드 사업 대부분이 도매형 사업이기 때문에 매장이나 업계에 사업을 매각하거나 투자자를 모집한다는 사실이 나쁜 방향으로 소문이 나면 해당 시즌은 영업이 어려워질 수도 있다. 대부분의 바이어들은 안정적이지 않은 브랜드를 구매하는 것을 꺼린다. 이로 인해 브랜드에 대한 신뢰 문제뿐만 아니라 시즌 영업에 문제가 생기면 브랜드 입장에서는 사업 운영에 치명타가 될 수 있으므로 비공식적인 에이전트나 전문가들이 네트워킹이라는 이름하에 인수 합병이나 투자를 알아보는 것을 선호한다. 필자도 밀라노 근무 중 적어도 한 달에 한두 번은 인수 합병 혹은 투자 관련 미팅 제안을 받기도 했다.

인수 합병 관련해 이탈리아라고 특별히 다른 절차가 있는 것은 아니다. 그러나 이탈리아는 기업 활동을 제약하는 법률이 상당히 많은 편이고, 이해하기 어려운 복잡한 회계, 강력한 노동법 등으로 반드시 현지의 법무법인과 회계법인을 활용해야 한다. 요즘은 대부분 한국 내 법무법인이나 회계법인들도 대부분 전세계 네트워크를 두고 있어 미리 고민할 필요는 없지만, 이탈리아의 파트너가 누구인지 현지에서의 평은 어떤지 의사 결정 전에 한 번쯤 확인해 보는 것이 좋을 것이다.

최근에 인수 합병된 몇 개의 회사들의 과정과 사례를 되짚어 보면서 교훈을 찾고자 한다.

발렌티노

2012년 여름 카타르의 국부 펀드인 마이훌라^{Mayhoola for Investment}는 마르조토 그룹^{Marzotto Spa}으로부터 발렌티노^{Valentino Fashion Group}를 인수했다. 마이훌라는 카타르의 전 국왕인 칼리파^{Hamad bin Khalifa Al Thani}가 이끄는 투자회사로 에너지, 부동산, 자동차, 헬스케어 등에 주로 투자하는 기업이었다. 그러나 최근 3년간 꾸준히 패션과 럭셔리 브랜드를 인수하고 있으며, 2014년에는 이탈리아 남성 브랜드인 빨질레리^{Palzileri}를 사들였다. 패션 관련 비즈니스는 칼리파 전국왕의 둘째 부인의 딸인 셰이카^{Sheikha Al-Mayassa Hamad bin Khalifa}가 경영에 참여하는 중이다.

이로 인해 마이훌라는 발렌티노, 발렌티노 가라바니, 레드 발렌티노의 라이선스를 인계 받았으며, 당시 마이훌라가 지불한 금액은 약 7억 유로 미화로 약 8억 5,000만 달러 정도였다. 이 액수는 마이훌라 그룹의 2011년 Ebitda[6]인 2,220만 유로의 30배에 해당하는 액수로 너무 비싸게 샀다는 평이 많았다.

인수 이전인 2007년부터 2009년까지 발렌티노는 침체기로 적자 상태였다. 하지만 2010년부터 성장세로 돌아서 2012년까지 3년간 70% 성장했다. 인수 전 해인 2011년의 총매출은 3억 2,240만 유로였고, 2012년 그룹의 총매출은 M Missoni 라이선스를 제외하고 3억 9,000만 유로로 전년 대비 약 22% 성장하였으며, 2013년 총매출은 4억 9,000만 유로로 전년 대비 25% 성장하였다. 2014년 매출도 30% 정도 성장할 것으로 예상한다고 대표인 스테파노[Mr. Stefano Sassi]가 2014년 9월 파리패션위크에서 발표하였다. 또한 일본, 중국이 발렌티노의 중요한 시장으로 급부상하면서 지난 2013년 12월에는 상하이에 단독 매장을 오픈하고 중국 고객을 타깃으로 한 상하이 컬렉션을 선보이기도 했다. 발렌티노는 지난 2년간 파리, 뉴욕, 상하이, 몬테카를로에 매장을 오픈했고 최근에는 뉴욕과 홍콩에 대형 플래그십 매장을 열었다. 현재 전세계 90여 개 국가에서 250여 개의 매장을 운영하고 있다. 많은 전문가들이 발렌티노 인수 합병 사례를 가장 성공적인 사례 중 하나로 꼽는 이유는 인수 후에도 이어지는 그들의 지속적인 투자로 브랜드 인수 목표에 충실하다는 점 때문이다.

가장 비싸게 성공적으로 상장했다는 몽클레어조차 Ebitda 의 15배에 지분을 매각했는데 발렌티노 인수 결과 발표 후 터무니없이 비싸

---

6 Ebitda: Earning Before Interest, Taxes, Depreciation, and Amortization 기업의 영업을 통한 현금 창출 능력을 나타내는 수익성 지표로서 법인세, 이자, 감가상각비를 공제하기 전의 영업 이익을 뜻한다. Ebitda는 기업의 수익 창출 능력을 비교하는 데 활용되고 있다.

게 샀다고 시장에서 비웃음을 꽤 받았지만, 인수 후 더욱 과감한 투자를 지속하여 더 많은 이익을 창출하고, 인수 금액의 가치를 초과 달성했다. 사업에 대한 확고한 의지와 비전, 오너의 적극적인 경영 참여 덕분에 패션 사업에 신규 진출하는 것뿐만 아니라 글로벌 시장에서도 핵심 브랜드, 힘 있는 브랜드가 되었다. 인수 후 과감한 추가 투자로 더욱 미래가 밝은 브랜드로 자리매김한 것은 물론이다.

인수 합병에서 가장 중요한 것은 회사의 미래다. 아무리 싸게 사더라도 계속 적자가 지속된다면 싸게 사는 것이 의미가 없다. 비싸게 사더라도 지속적인 이익 창출을 할 수 있다면 그것이 더 바람직하고 성공적인 인수 합병이라 할 수 있을 것이다.

라파엘레 카루소

나폴리 출신의 라파엘레 카루소$^{Raffaele\ Caruso}$는 1958년 북부 파르마 지역으로 이주하여 양복 맞춤복 사업을 시작하였다. 그 후 이 작은 사업은 이탈리아에서 최고급 비접착 제품을 생산하는 신사복 사업 마코$^{MA.CO}$로 발전하였고, 2000년 라파엘레 카루소$^{Raffaele\ Caruso\ Spa}$로 사명을 바꿨다. 라파엘레 카루소의 제품은 '메이드 인 이탈리아'의 전통이 그대로 이어져 내려온 제품으로 장인정신, 기술, 디자인이 하나로 어우러진 최고의 신사복으로 평가 받는다. 창업주의 두 아들이 사업에 참여한 이후 크게 성장하기 시작하였으며 전세계 경제 위기 속에서도 2009년 미국에 진출하여 이탈리안 테일러링 브랜드로 이름을 높이는 등 세계 곳곳에서 높은 실적을 올렸다. LVMH 그룹에 속

한 남성복 브랜드 대부분과 최고급 명품 브랜드 20여 개의 생산을 진행하고 있으며, 이들을 위해 1년에 신규 스타일을 개발하는 것만 3천 개 정도라고 하니 공장에 쌓여 있을 스타일, 봉제, 디자인에 대한 노하우의 가치는 엄청날 것으로 보인다. 설립자 라파엘레 카루소의 아들 중 알베르토는 생산 관리, 니콜라는 영업과 마케팅을 담당했으나 라파엘레 사후 형인 니콜라가 동생인 알베르토에게 모든 지분 및 사업을 넘기고 은퇴했다. 동생은 생산 전문가로서 영업 및 브랜드 사업 개발의 파트너로 브리오니 전 대표 출신인 움베르토 안젤로니^{Umberto Angelloni}에게 지분을 일부 팔고 동업을 시작했다. 하지만 알베르토가 담당하던 명품 브랜드 OEM 사업은 지속적인 수익을 창출하는 데 반해, 안젤로니가 담당하고 있던 라파엘레 카루소 브랜드 사업은 적자 규모가 커져 갔다. 이로 인해 두 주주의 불화가 생기게 되었다. 알베르토가 대주주이고 주인이었지만 생산 외 특별한 지식이 없어 안젤로니가 중심이 되어 회사를 운영했는데 실적이 좋지 않았던 것이다. 그 와중에 안젤로니는 본인의 이름을 딴 우만^{Uman; Umberto Angelloni}이라는 브랜드를 론칭하고 밀라노 최고 쇼핑가인 몬테나폴레오네 지역에 대형 쇼룸을 오픈하자 업계에서는 안젤로니가 현실적이지 못하다고 평가했다. 이런 상황을 타개하기 위해 한국을 포함한 몇 개 회사에 투자 및 인수 제안을 하던 알베르토는 결국 안젤로니에게 모든 사업을 인계하고 회사를 떠나게 되었다.

라파엘레 카루소는 한국 시장 진출도 추진했으나 디자이너 장광효 씨가 만든 브랜드 카루소^{Caruso}와의 상표권 문제로 진입이 불가능하였다. 한국 상표권을 무효화하거나 인수하기 위해 여러모로 노력했으나 실패하고 한국 시장 진출은 포기하였다. 안젤로너는 브리오니 대표를 역임했고 브리오니 패밀리 핵심 멤버 중의 하나였는데, 라파엘레 카루소를 100% 인수 후 브리오니급의 브랜드로 만들기 위해 최선을 다하고 있지만 아직 특별한 성과는 없다. 브랜드 사업 특히 남성복 사업의 침체로 어려운 환경에 있어서인지 최근 중국 투자자에게 30%의 지분을 매각했다.

가능성이나 기술 노하우 등이 많은 회사이지만 성장하지 않는 남성복 시장에서 단순히 주인만 바뀌는 것은 큰 의미가 없다. 이런 침체된 시장에 있는 브랜드를 인수할 때는 주요 패션 도시에 단독 매장을 오픈하겠다거나 브랜드 이미지나 회사의 가치를 높이는 활동을 위해 관련 투자를 하겠다는 계획이 있어야 하지 않았을까? 에르메네질도 제냐가 진부한 클래식 정장의 이미지를 탈피하기 위해 스테파노 필라티를 크리에이티브 디렉터로 채용하여 컬렉션을 맡긴 것처럼 카루소도 단순히 슈트 잘 만드는 브랜드라는 이미지를 탈피할 무언가 다른 돌파구가 필요할 것으로 생각된다.

발렉스트라

발렉스트라Valextra는 1937년 밀라노에서 창업한 핸드백, 지갑 등의 가죽 제품 회사로 단순한 디자인을 최고급 소재로 제작하여 정통 클래식 트레디셔널 라인을 선보이는 럭셔리 가방 브랜드이다. 재클린 케네디, 그레이스 켈리 등 유명 패션 아이콘 들이 선호했던 브랜드로 핸드백, 서류가방, 지갑 벨트 등 다양한 가죽 소품류를 선보인다.

발렉스트라는 2000년 카르미나티가 인수하여 베르가모에 공장을 세우고 과거 전통 기술자들을 초빙, 고용하여 전통 생산 기술을 복원하였다. 밀라노 본사가 위치한 비아 만조니에 쇼룸과 매장이 있고, 기타 지역에 편집매장을 통해 판매를 하고 있지만 매출 볼륨이나 성과는 크지 않았다.

영업 확장을 위해 코인 백화점에서 운영하는 밀라노 엑셀시오르 매장 1층에 입점하여 영업을 시도했지만 매출 부진으로 철수했다. 고객이 아무리 많이 모여도 자신의 타깃에 맞지 않는 유통이라면 의미가 없음을 보여준다. 그러나 이런 와중에 미국 시장 진출을 위해 홈앤양스Holmes & Yangs와 콜라보레이션 핸드백을 전개하였는데, 이후 미국 바니스 백화점에 입점하여 글로벌화 계기를 마련하였다. 일본에는 조인트벤처로 직진출했고, 한국에서는 제일모직에서 수입 판매하고 있다.

그러나 생산 공장 복원에 대한 투자와 제너럴 매니저의 판단 오류로 인한 과다 발주로 재고가 너무 많이 쌓이고, 회사는 계속 적자에서 벗어나지 못했다. 전세계 매장이 10여 개도 안 되는 소규모 브랜드임에도 밀라노 시내에 아울렛을 오픈하여 운영해야 할 정도로 경영이 힘들었다. 브랜드의 전환점을 만들고 제대로 된 사업을 전개하기 위해서는 많은 추가 투자 금액이 필요하였는데, 카르미나티 패밀리는 2012년 자신만의 투자로는 회사를 정상화시키고 글로벌 사업 전개를 위한 동력을 확보하기 어렵다는 판단에 따라 브랜드를 매각하기로 결정을 내렸다. 파트너와 협의가 잘 진행되어 70% 정도의 메이저 지분을 매각하되, 지속적인 오너 가족의 근무 및 경영 참여 보장을 원하였으나 최종계약을 앞두고 세부 조건에서 난항을 거듭했다. 결국 카르미나티는 발렉스트라를 경쟁 입찰 방식으로 전환을 하였고, 최종 인수자는 프랑스 마카롱 브랜드인 라듀레^{Laduree}를 보유하고 있는 영국의 네오캐피탈이라는 투자회사가 되었다. 원래 생각했던 것보다 더 좋은 조건에 매각을 하고, 가족들은 여전히 회사 내에서 근무 중이다. 투자회사의 과감한 투자로 전세계에 직영 단독매장도 지속적으로 확대해 나가고 있다.

카르미나티는 패션 혹은 럭셔리에 대한 사업 기반이 없이 건설업을 운영하던 상황에서 기업을 인수하였고, 오너는 경영에 크게 간섭하지 않으며 제너럴 매니저를 채용하여 사업을 전개하였는데, 오너가 제대로 된 의사 결정이나 관리를 하지 못하면 결국 회사는 감당할 수 없는 단계까지 다다르게 된다.

특히 패션 사업은 현재의 문제를 파악하여 진행된 것을 중단하더라도 2시즌 가까이 사전 진행이 되는 상태이므로 스스로 의사 결정 능력, 시장을 읽고 흐름을 파악하는 능력이나 온전히 100% 자신의 역량을 투입할 수 없다면 이처럼 제대로 된 사업을 운영하기 어렵다.

이탈리아 속 한국 패션기업

한국 패션기업의 가장 큰 고민이며 숙제가 글로벌 시장 진출이다. 한국 시장에서 성장의 한계 그리고 중국 시장에서의 성장 및 경쟁을 거치면서 유럽이나 미국 등 신진 패션 국가에서 사업을 진행하거나 진출하는 것이 모든 패션 사업 경영자의 가장 큰 미래 비전이고 과제이다. 그래서 다양한 노력이나 시도가 이루어지는데 가장 먼저 밀라노에 지사를 운영한 것은 삼성물산 에스에스패션이었다. 삼성에서는 1989년 철강 및 기타 무역을 중심으로 하던 삼성물산 밀라노 지사에 패션 MD 출신 주재원을 파견하였다. 이탈리아 원단의 구매를 직접 진행하여 구매 원가도 절감하고 현지에서 패션 정보를 수집하는 등 초기 운영은 상당히 효율적이었다. 이후 제일모직과 LF구 LG패션도 이탈리아에서 브랜드 사업을 시도하거나 밀라노 현지에 매장을 운영했었으며 아르마니, 돌체앤가바나 등 이탈리아 브랜드를 중심으로 브랜드 수입 사업을 하던 신세계 인터내셔널도 밀라노에 사무소를 운영했었다. 그러나 각각의 사업들은 한계에 부딪혔고 본사 지원금으로 지사를 운영해 왔지만, 1997년 IMF를 거치며 대부분 밀라노 지점들이 폐쇄되는 구조조정을 겪었다. 그러다가 2000년대 IMF를 극복하며 자신감을 얻은 다양한 기업들이 직소싱 및 현지 네트워크 구축 등을 목표로 밀라노 지사 운영을 다시 시도한 기업으로 롯데 백화점, 갤러리아 백화점, 신세계 인터내셔널, 코오롱, LF, 제일모직 등이 있다. 그러나 2000년 이후 패션 산업도 인터넷의 발달, 글로벌 환경으로 변한 상태에서 현지에 고비용의 사무소를 운영하는 효과나 효율이 적어 대부분의 업체가 다시 지사를 철수하게 된다. 2014년 현재 이랜드, 제일모직과 LF만 지사를 운영하고 있는데, 이들은 모두 이탈리아 브랜드를 인수한 기업들로서 현지 브랜드 사업 운영도 겸하고 있다.

　한국 패션 산업의 성장에 자신감을 얻은 디자이너나 기업들이 글로벌 시장 진출을 시도하고 있고 능력이 뛰어나고 해외 경험이 풍부한 2~3세대 디자이너들의 역량을 바탕으로 글로벌 마켓의 본류가 되기 위해 노력하고 있다. 파리에서 역량을 인정 받고 사업을 확대해 나가고 있는 우영미, 준지를 비롯해 SK에서 인수 후 지속적으로 사업을 확대하고 있는 뉴욕의 오즈세컨드^{OZ'2ND}와 하니와이^{HANEE-Y}도 있다. 그러나 보다 근본적인 선진국에서의 사업 체험, 선진시장의 노하우 획득 및 조기 본류 진입을 위해 현지 브랜드나 사업을 인수하는 사례도 있다. 제일모직의 콜롬보 비아델라스피가, LF의 알레그리, 이랜드의 코치넬리, 라리오, 벨페, 만다리나 덕, 신원의 로메오 산타 마리아 등이 있다. 다들 인수 후 몇 년이 되어 가지만 아직까지 이들 인수 사업이 제대로 궤도에 오른 사업은 없는 것 같다. 현상 유지를 하는 회사도 있고, 비싼 수업료를 치르고 있는 회사도 있다. 현지 브랜드 인수 시 가장 주의할 부분이 싸다고 큰 고민 없이 인수하는 경우인데, 싼맛에 그냥 사 버리면 지속되는 적자에 산 돈보다 더 많이 비용이 투입되고 이러지도 저러지도 못하는 경우가 많이 생긴다. 제대로 해당 브랜드의 사업을 이해하고 장기적인 투자 계획으로 적절한 출구 전략이 세워져 있어야 하며, 제대로 된 현지 경영자가 있어야 현상 유지라도 할 수 있는 것이다.

해외 브랜드를 인수한다는 것은 당연히 본사의 능력에 따라 투자 수위는 조절이 되어야 하겠지만 보통 최소 인수 금액만큼의 추가 투자는 기본 정상화를 위한 것으로 보아야 할 것 같다.

종종 브랜드 인수 후 지속되는 적자에 어쩌지 못하는 회사를 본다. 대부분 싸게 매물로 나온 이탈리아 브랜드는 이탈리아 사람이 자기 일을 그렇게 열심히 해도 잘 안 되어 매물로 내놓은 것인데 한국회사

제일모직에서 콜롬보를 인수한 후 연 프레젠테이션

가 인수한다고 바로 대박이 날 것으로 기대를 한다는 것 자체가 어불성설이다. 현지시장 혹은 글로벌 노하우도 적은 한국 회사가 주인이 되어 더 많은 오류가 생기기도 한다. 나중에 이런 경험이 쌓여 결국 더 좋은 회사 더 좋은 브랜드 사업이 되리라 의심치 않지만, 인수 시의 관심만큼 인수 후 지속적인 투자와 보살핌이 필요하다. 이제 인수가 끝났으니까 파견된 인력이 현지에서 알아서 하라는 식으로 사업을 방치하는 경우, 나중에 부메랑이 되어 더 많은 비용으로 찾아오게 된다. 참 어이없는 경우이지만 사업 인수 후 PMI[7] 도 진행하지 않고 방치를 하거나, 현지 사정을 전혀 모르는 사람이 책임자가 되어 현지 직원이나 구성원과의 갈등을 일으켜 현지 사회에서 이슈가 되거나, 인수 금액 외 추가 지원이 없어 현지에서 돈을 빌리러 다니는 모습이 보이기도 한다. 어떤 회사는 심해지는 적자로 하나밖에 없는 매장을 철수하기도 했고, 적자가 심해 자본 잠식이 되어 매년 증자를 하는 경우도 있다.

일본의 패션 대기업인 가시야마 온워드는 이탈리아 현지 홀딩컴퍼니를 운영하면서 자회사로 지보^{Gibo}라는 이탈리아 회사를 만들고 경영진부터 실무진까지 모두 이탈리아 사람들로 운영이 되도록 하였다. 지보는 브랜드 인수 합병 및 쇼룸 운영 등을 통해 중견기업이 되었고, 아시아에서 가장 성공적인 투자 및 해외 진출 사례로 손꼽히게 되었다.

---

7 Post Merger Integration:기업 M&A 후 진행하는 통합 관련 활동을 말하는데, 합병 성과 극대화 및 합병 조직의 안정화를 위해 진행되는 활동들로 조직의 비전이나 기업문화 이식 및 공유, 커뮤니케이션, 리스크 관리 등이 중요하다.

TIP L 그룹 M&A 명심보감

- 이 세상에 똑같은 M&A는 없다. 경험이 아무리 많아도 자만하지 마라. 왕도는 없다.
- 반드시 꼭 해야하는 M&A는 없다. 즉, Must란 단어는 M&A 사전에 없다.
- 협상 장소에 절대 Principle을 대동치 마라. 망하는 지름길이다. 내가 Principle이라 가정하고 판단하고 행세하라.
- 인수가 성공했다고 +α를 기대하지 마라. 실패 시 책임도 뒤따른다.
- M&A는 Logic이다. 즉, 명분이다. 그래야 나도 내가 이해시키고 상사나 주주, 금융기관, 언론도 이해시킨다.
- 한 번 들어간 돈(초기 인수비용)보다 추가비용이 더 무섭다. 아주 싸게 샀지만 계속 적자가 나는 회사보다는 비싸게 샀더라도 이익이 나는 것이 좋다.
- M&A의 꽃은 협상이다. 전략을 잘 세우고 Logic을 잘 만들어 즉시 JIT로 대응하라. 매파와 비둘기파로 역할 분담하고, Deal Break를 겁내지 마라.
- 부하 직원한테는 동기부여를 하고, 결과에 대해선 반드시 보상하라.
- 나는 지휘자다. 팀원과 Advisor는 다 내가 하기 나름이다.
- 지피지기면 100전 100승. 정보는 양이 질을 창출, 유능한 정보맨과 네트워크를 구축해 놓아라.
- 회사나 Firm을 보고 일을 주기보다는 일하는 사람과 Track Record를 보라.
- 나, 상사, 회사, 오너(주주), Seller, 매각 주관사, Advisor 입장에서 수십 번 생각하고 판단하라.
- 나는 찍새다. 구두빛은 딱새가 좌우한다.
- 이래도 고민 저래도 고민이면 하는 쪽이 낫다.
- 나만의 Logic과 회사의 원칙을 세우고 지키려 애쓰라.

이탈리아의 세금과 탈세

이탈리아에서 외국인이 정식으로 회사를 운영한다는 것은 참으로 힘겨운 일이다. 이탈리아인들에게도 그렇지만 기업을 운영하는 외국인들의 입장에서 이탈리아의 세금 제도는 살인적이다. 법인세만 보면 다른 선진국에 비해 세금이 그렇게 높아 보이지 않지만, 대부분의 회사가 거의 70~80% 정도의 세금을 낸다고 하소연한다. 이런 이유는 한국에서는 보통 경비 처리를 하고 나면 그것에서 큰 차이가 나지 않게 정리가 되지만, 이탈리아에서는 어지간한 전문가도 최종 손익 계산서의 결과를 예상하기 어렵다. 이유는 손비로 처리한 회사 운영 관련 경비가 의도한 대로 100% 경비로 인정되지 않는다는 점에 있다. 접대비, 회의비뿐 아니라 차량 비용이나 휴대전화 기타 소소한 것까지 경비로 처리되는 비율이 법으로 정해져 있고 워낙 복잡하여 회계사의 지원 없이는 혼자서 세금을 정리하기 어렵다. 이런 식으로 회사에서 사용한 경비 중 일부분이 개인 소득 혹은 회사의 이익으로 간주되어 추가 세금이 나오는데, 이 부분을 잘 모르고 밀라노에서 처음 회사를 운영했던 어떤 친구는 여러 가지 경비나 매출을 잘 정리하여 세전이익 1만 유로 정도로 맞추었지만 나중에 세금이 몇만 유로가 추가로 나와 자본 잠식이 되어 회사에 추가 투자를 하여 증자를 했던 사례가 있었다.

이탈리아는 회계사나 회계법인도 엄청 많고 그들이 제공하는 서비스 종류도 매우 다양하다. 계약에 따라 서비스 내용이 달라지는데 1년에 500유로를 내고 서비스를 받는 개인 사업자부터 수십 만 유로를 내며 회계, 세무, 인력, 급여 계산 등 관련 모든 서비스를 받는 사업자까지 다양하다. 위에 언급한 자본 잠식 사례는 처음 사업을 시작하는 사람이 회계사 비용을 아끼려다 큰코다친 경우라 하겠다.

이탈리아는 개인의 급여 계산을 사내에서 하는 경우를 거의 찾기 어렵다. 워낙 복잡한 노동법과 세무 제도로 인해 대부분 회계법인을 통해 급여 계산을 하고 내역을 통보 받게 되는데 간략하게 개인 소득에 관해 알아보도록 한다.

개인 소득세는 5단계로 구성되어 있다. 연소득 15,000유로 이하의 최저 23%에서 시작하여 75,000유로 이상 최고 43%까지로 구성되어 있다. 이 세금뿐만 아니라 급여에 부과되는 연금에 대해서도 회사가 일정 부분 부담을 해야 한다. 처음 이탈리아를 방문하는 한국의 경영자들의 첫 질문은 "대졸 초임 수준이 얼마인가?"이다. 법으로 얼마를 주어야 한다고 정해진 것은 없지만 대략 본인 수령액 기준으로 보면 월 1,200유로 전후 수준이다. 한국에 비해 터무니없이 낮다고 생각하는데, 실제 회사 부담은 2배로 생각하면 된다. 직급이 올라갈수록 관련 비용이 높아져 매니저급은 2.5배, 임원의 경우는 회사 부담이 개인 순수령액의 거의 3배 정도로 생각하면 된다.

이탈리아도 급여 생활자들은 유리 지갑으로 원천징수가 된다. 사회 전반에 고착화된 탈세 문화로 인해 국가는 늘 세수 부족으로 적자 재정이다. 그런 반면 회사를 운영하는 사람들은 정상적으로 세금을 다 내고 회사를 운영해서는 수익을 기대하기가 어렵다고 한다. 많은 이탈리아 중소기업이 직원과 정식계약을 하지 않고 불법 혹은 세금을 비켜갈 수 있는 다른 방법으로 계약을 하거나 정식계약은 하더라도 급여는 최소화하고 별도로 일정 금액을 지불한다. 이런 것을 네로 Nero라고 하는데 특히 10인 이하의 소기업에 만연이 되어 있다. 이런 환경을 견디지 못한 북부 이탈리아 중소기업들 중 800여 개의 밀라노 근교에 있던 업체가 2013년에 스위스 루가노로 기업을 이전했다. 한국의 GS홈쇼핑 유럽 지사도 2014년 루가노에 설립되었다. 스위스는 지역마다 다른 언어를 사용하는데 독일어권, 프랑스어권, 이탈리아권으로 나누어진다. 루가노는 이탈리아어를 사용하는 반면 세금은 이탈리아의 1/3 수준이다.

이탈리아에서 탈세 및 돈세탁을 방지하기 위해 2011년 시행된 1,000유로 이상 현금 사용을 금지한 법으로 인해 몬테나폴레오네 주변 주요 쇼핑가의 소매 매출이 30% 이상 떨어졌다고 한다. 주요 고객이었던 러시아 관광객도 현금 사용 시 여권이나 신분증을 제시해야 하는 관계로 쇼핑을 꺼리게 되었고, 특히 현금 사용을 좋아하는 이탈리아 사람들도 현금 쇼핑은 스위스 루가노에서 하는 상황이 되었다. 그래서 독자 브랜드 매장뿐만 아니라 밀라노의 안토니올리, 베르가모의 티지아나 파우스티 등 이탈리아의 유명 편집매장들이 루가노에 매장을 오픈하고 있다. 스위스 국경을 통과할 때 이탈리아 경찰이 차량을 세워 검문을 자주 하는데, 주요 질문은 "현금을 얼마나 가지고 있느냐?"이다.

다국적 혹은 외국계 기업들은 최근 국제적인 이슈가 되고 있는 이전가격TP 8 기준에 맞추어서 거래를 한다. 특히 본지사 간 거래나 관계사 간 거래 시는 컨설팅을 통해 국제 이전가격 기준에 맞는 평균 수수료 혹은 수익률을 계산하고 그것에 맞추어 운영되지만, 중소기업을 운영하는 개인들은 자신의 모국이나 세금이 적은 나라에 회사를 같이 운영하며 이탈리아에서의 매출이나 이익을 최소화하기 위해

---

8 이전가격(Transfer Price)이란 관련 기업 간의 거래에 적용되는 가격을 말하는데 다국적 기업이 국가 간의 법인세율 차이를 활용하여 이익을 극대화하기 위해 공급가를 조작하거나 수수료를 조정하는 등 법인세가 낮은 국가에 이익을 많이 남기는 행위를 하는데, 이것을 방지하기 위해 생긴 제도로서 이런 행위가 발견되는 경우 정상적인 가격으로 재산정하여 그 기준에 맞추어 과세를 하게 되는데 이것을 이전가격과세(Transfer Pricing Taxation)라고 한다.

노력한다. 기업을 운영하기 지독하게 힘든 이런 환경을 개선하고자 새로운 정부가 관련 법개정을 시도하고 추진하고 있지만 개선 속도는 무척 느리다. 중소기업을 운영하는 대부분의 사람들은 무언가 세금 최소화 혹은 회피 방법을 사용하지 않으면 기업을 운영하기 불가능하다고들 하소연한다.

부가세가 22%로 높다 보니 생활 전반에도 탈세가 만연되어 있다. 가장 비근한 예로 식당에서 현금을 내면 단골 식당에서는 영수증을 발행하지 않고 보통 10% 정도 할인해 준다. 이사를 하거나 집수리를 하는 등의 개인 거래 역시 탈세가 많은 곳이다. 현금을 주면 최소한 부가세만큼은 할인해 준다. 회사 경비를 처리하는 것이 아닌 개인이 지불하는 것인데 20% 이상 가격을 할인해 준다면 누가 이 유혹을 견딜 수 있을까?

필자가 사는 곳은 베를루스코니 전 총리가 처음 건축으로 사업을 시작해서 대성공을 거두고 부를 축적하는 기반이 되게 만든 밀라노 두에라는 아파트 신도시 지역이다. 우리 동네에서 왕성한 영업 활동을 하고 있는 루마니아 출신의 A는 이 지역에서 상당히 유명한 인사인데, 아파트 내부 보수 공사하는 일을 하고 있다. 그는 현지 이탈리아인이 운영하는 다른 업체들의 반 수준 가격으로 공사를 수주하지만 그에게서는 영수증을 받을 수가 없다. 가격이 싼 만큼 현금 외에는 받지 않는다.

기업 간 거래에서 가장 고전적이고 쉽게 탈세를 하는 방법은 무자료 거래나 오버 밸류 인보이스Over value invoice를 받는 방식이다. 무자료 거래는 말 그대로 현금으로 거래하며 거래 흔적을 남기지 않는 방식이고, 오버밸류 인보이스는 예를 들면 100만 유로 정도의 구매를 하면서 150만 유로의 인보이스를 발행하게 하고 50만 유로는 다른 나라의 통장으로 송금을 받는다. 이런 방식으로 재산을 축적하고 비자금을 만든다. 회사의 손익은 소규모 이익이 나는 수준으로 조정하며, 이런 거래가 불가능한 회사와는 거래를 하지 않는다.

2009년 해외 은닉 자산을 신고하고 이탈리아로 반입할 경우 세금을 5%만 매기는 탈세자 사면제도를 한시적으로 운영하였다. 유럽 여러 국가가 동시에 조세피난처 국가들을 압박하며 개인들에게 당근책으로 제시한 방법이었는데, 이탈리아 정부는 대략 3천 억 유로가 돌아올 것으로 기대했지만 800억 유로만 돌아왔다고 한다. 800억 유로는 이탈리아 국내총생산의 5%에 해당하는 금액이었다. 내가 거래하던 이탈리아 회사도 원래 계약을 할 때 두 가지로 나누어 하나는 스위스 회사명으로 계약을 하고 다른 하나는 이탈리아 회사 명의로 계약을 했었는데, 이 제도가 시행될 때 정상적인 이탈리아 회사와의 계약서 하나로 변경한 것이 기억이 난다.

내가 아는 한국 지인 역시 이탈리아에서 어떻게든 사업을 제대로 해보려고 했으나 이탈리아의 감당하기 어려운 높은 세금 때문에 한국에 새로이 사무소를 열고 이탈리아 업체들과의 계약 중 큰 것은 모두 한국 회사와의 계약으로 바꾸었다. 그의 표현을 빌자면 이탈리아에 낼 세금만으로 한국의 사무실 임대료와 직원 인건비까지 모두 감당할 수 있다고 하니 어느 누가 이탈리아에서 꼬박꼬박 세금을 내며 기업 활동을 하고 싶어 하겠는가? 이런 환경을 계속 유지시키는 한 이탈리아 경제가 회복하기를 기대하기는 요원하지 않을까 생각한다.

이탈리아 경제는 2000년 이후 10년이 넘게 정체를 보이고 있다. 몇 년째 계속 재정 적자를 이어가고 있음에도 이런 불법 탈법을 개선할 방법을 찾지 못하고 있다.

그런데 이런 높은 세금과는 달리 상속세는 거의 없는 것이나 마찬가지이다. 부부 간의 증여는 4%, 부모자식 간에는 6% 세율이고, 기본 공제가 되는 금액도 1백만 유로이다. 아무 관계없는 사이라도 8% 세금만 내면 상속이나 증여를 할 수 있으니 한 번 부자는 계속 부자일 수 있는, 철저한 기득권 중심의 사회라고 할 수 있다.

chapter

06

성공 사례 뒤집어 보기

"우아함은
돋보이는 것이 아니라
기억되는 것이다."

조르지오 아르마니

매년 신문사나 잡지사에서 히트 상품을 발표한다. 전 산업에 걸쳐 그 해에 가장 많이 팔리거나 이슈가 된 상품을 선택하는 것이다. 패션 산업에서 히트 상품이란 무엇일까?

2001년 필자가 한국의 모 브랜드에서 상품기획 업무를 할 때, 남들이 전혀 안 만들던 새로운 스타일의 캐시미어 코트를 만들어 그 해 겨울에 엄청난 판매 실적을 올린 기억이 있다. 캐시미어 코트는 그 당시 디자이너나 머천다이저, 영업 현장의 모든 사람이 생각하고 알고 있는 체스터 스타일 아니면 라글란 스타일이었다. 그러나 나는 이것을 혼합해서 새로운 스타일을 만들었는데 셋인 스타일Set-in Style이라고 이름 붙였다. 두 스타일의 장점을 합쳐 만들어 낸 스타일이었고, 지금은 모든 브랜드에서 생산해서 판매하고 있는 스타일로 기본 상품이 되었다. 이 코트로 인해 그 해 내가 맡고 있던 브랜드의 매출은 다른 브랜드의 거의 두 배가 될 정도여서 10월에 출고하여 다음해 1월까지 계속 반응생산 및 재생산을 하였던 기억이 있다. 그 해 겨울 매출 실적이 워낙 좋아 모든 백화점에서 더 넓고 좋은 곳으로 매장을 이동하였고, 그것은 영원할 것처럼 보였다. 하지만 그 다음 해에 모든 브랜드가 동일한 스타일의 제품을 출시를 했고, 내가 맡았던 브랜드는 원조라는 개념은 있지만 첫해만큼 매출이 지속적이지는 않았다. 그럼 이 코트는 히트 상품일까? 진정한 히트 상품은 무엇일까?

'20：80법칙'이라는 것이 있다. '파레토의 법칙'이라고도 한다. 이탈리아의 경제학자인 빌프레도 파레토가 '이탈리아 인구의 20%가 이탈리아 전체 부의 80%를 가지고 있다'는 이론을 내놓아 20：80법칙 혹은 파레토 법칙이라고 불리게 되었다. 많은 사실이 그의 법칙에 잘 들어맞는다.

- 20%의 범죄자가 80%의 범죄를 저지른다
- 옷장 속 넥타이 중 20%가 80% 착용된다
- 20%의 매장이 전체 이익의 80%를 만들어 준다.
- 20%의 상품이 80%의 이익을 만들어 준다.

그럼 80%의 이익을 만드는 이 20%의 상품이 히트 상품일까?

새로운 상품이든 기존의 상품이든 다른 브랜드에서 유사 상품을 만들어 출시하더라도 브랜드 자체적인 고유의 특성이 있어서 계속적으로 영업이 잘 되고 이익을 만드는 데 지속성이 있는 것이 진정한 히트 상품이 아닐까 생각한다.

위에 언급한 코트는 아이디어 상품으로 한시즌 최고의 인기를 끌었지만 고유의 캐릭터, 자신만의 상품 차별화를 지속시키지 못해 다른 브랜드에서 유사 상품이 나오면서 그냥 일반 상품이 된 경우이다.

볼리올리의 비접착 워시드 재킷

이탈리아에도 유사 사례가 많다. 가장 대표적인 사례의 브랜드로 볼리올리Boglioli가 있다. 100여 년의 역사를 가진 이 회사는 원래 비접착 포멀 슈트를 생산하던 회사였다. 디자이너로 일하던 피에르루이지 볼리올리가 1980년대에 기존 포멀 재킷의 딱딱함을 탈피한 부드러운 가먼트 다잉 제품을 개발했지만 이때만 해도 무겁고 박시한 실루엣은 크게 인기를 끌지 못했다. 그러나 2000년대에 들어서면서 실루엣과 핏을 최대한 살린 가볍고 부드러운 언컨스트럭티드Unconstructed 재킷을 출시하며 상황이 바뀌었다. 넥타이를 매지 않는 비즈니스 캐주얼의 유행과 더불어 '테일러링 럭셔리 캐주얼 재킷'이라는 새로운 영역을 만든 브랜드 볼리올리는 최고 히트 브랜드가 된다. 볼리올리의 가먼트 다잉을 한 워시드 재킷은 2000년대 중반까지 이탈리아 브랜드의 혁신 사례가 되며, 전세계 남성복 브랜드의 벤치마크 사례가 되기도 하는 등 가장 잘나가는 남성복 브랜드로 자리매김하는 듯했다.

4대째 가족기업으로 운영이 되다가 2007년 이탈리아 사모 펀드에

---

9 기먼트 디잉 워시드 세롬은 우리가 일상석으로 접하는 청바지를 생각하면 된다. 제품을 먼저 만든 후 제품을 염색하여 그것을 다시 특수 기법으로 세탁을 해서 조금씩 탈색을 시키는 방식인데, 최종 공정이 끝나고 보면 부위별로 탈색되는 정도가 달라 자연스러운 효과가 나타난다. 그러나 볼리올리처럼 세번수 양모 제품, 캐시미어 원단을 워싱한 재킷은 세탁 시 제품 불량률이 높아 아무도 시도하지 않던 분야였다.

70%의 지분을 매각하게 되는데, 이때가 다른 회사들이 유사 상품을 시장에 내놓으며 경쟁이 치열해지는 시점이었다. 20~30% 정도 싸게 가격 경쟁력이 있는 유사 상품을 내놓은 회사는 라르디니와 루비암 LVM이었다. 그리고 나폴리 근교의 산타니엘로라는 업체는 볼리올리보다 30~50% 싼 가격으로 더욱 공격적인 영업을 진행하였다.

볼리올리를 인수한 사모 펀드에서는 볼리올리를 단순한 고급 워시드 재킷이나 슈트 브랜드가 아닌 최고급 남성 토털 브랜드로 성장시키기 위하여 본격적인 투자를 진행하지만 자가 공장의 생산 수량을 다 채우지 못할 정도로 경영은 어려워지고, 더 이상 독점적이지 않은 제품으로 목표를 달성하기는 쉽지 않았다. 결국 책임을 물어 대표로 근무하던 로베르토 팔키가 회사를 떠나고, 2013년 지오반니 만누치가 새로운 대표로 취임을 하며 가족에게 남아 있던 30% 지분도 인수를 했지만 한계에 직면한 자가 공장 운영, 다른 유사 상품의 범람과 고객들의 상품에 대한 식상함 등으로 회사는 여전히 쉽지 않은 상황이다.

물론 특정 아이템이 꾸준히 히트 상품의 자리를 유지하고 있는 브랜드와 상품도 있다.

라코스테 피케 티셔츠

라코스테의 피케 티셔츠는 1933년에 개발되어 지금까지 꾸준한 인기를 끌고 있다. 이 회사는 최초로 벌집 모양의 피케 원단을 개발했는데 꼬임을 많이 주어 기존 티셔츠 원단에 비해 땀 흡수력은 높이고 옷이 늘어지거나 구겨지는 현상을 최소화했다. 출시 이후 지금까지 다른 많은 브랜드가 유사 상품을 계속 만들어 내고 있지만 피케 티셔츠는 라코스테라는 원조의 이미지를 잘 살려 유지해 왔고, 악어 로고를 활용한 브랜드 이미지 및 인지도 제고, 그리고 매시즌 새로운 티셔츠 색상으로 신선감을 계속 보여주고 다양한 피팅의 제품을 만들어 젊고 트렌디한 이미지를 유지하며 꾸준히 히트 상품의 자리를 유지하고 있다.

버버리 트렌치 코트

버버리 트렌치 코트는 1890년에 개발되었다. 원래 이 트렌치 코트는 군용 레인코트에서 모티브를 따와 개발한 상품이다. 기존과는 차별화된 방수성, 내구성, 통풍성이 높은 면 개버딘 소재를 사용하여 지금까지 지속적으로 판매되는 버버리 브랜드의 대표 상품이 되었으며 면소재이지만 고급스럽게 만들어 고가 제품으로 브랜드의 위상을 높이고 있다. 트렌치 코트라 부르기보다는 버버리 코트라고 부를 정도로 일상 명사가 되어 있다. 물론 모든 브랜드가 이런 류의 면 트렌치 코트를 생산하고 더 좋고 예쁘고 싸게 만들기도 하지만 브랜드의 젊은 이미지를 유지하기 위한 프로섬 같은 컬렉션 라인을 론칭하고, 고급 이미지를 유지하기 위한 활동들이 시너지를 발휘하며 '버버리 트렌치 코트'라는 원조에 대한 자부심은 지속되고 있다. 유사한 트렌치 코트를 입은 사람은 실내에서 옷을 그냥 걸어 두지만 버버리 트렌치 코트를 입은 사람은 옷을 자주 뒤집어서 걸어 둔다. 트렌치 코트에 한해서는 어떤 브랜드의 제품도 버버리를 넘어설 수 없는 단계에 있는 것이다.

몽클레어 다운 점퍼

통상 다운 점퍼하면 어린 학생들이나 젊은이들이 편하게 입는 제품으로 인식이 되어 있었지만 몽클레어는 자신의 부직포 로고와 함께 감도 높은 패셔너블한 상품을 만들어 냈고, 이는 전세계 트렌드 추종자들이 열광하는 상품이 되었다. 기존 경쟁 상품의 두 배가 넘는 고가임에도 많은 브랜드가 유사 상품을 만들어 내도 전혀 흔들림 없이 히트 상품의 자리를 차지하고 있다. 이외에도 많은 브랜드가 히트 상품을 만들어 내고 있는데 이들 대부분의 공통점은 상품이 히트한 후, 단순히 한 시즌 영업 잘하는 것으로 끝나지 않고 이것이 브랜드 이미지와 지속적인 시너지를 만들어 간다는 것이다. 물론 유니클로가 만들어 낸 플리스, 히트텍 같은 상품은 기능성 외 경쟁사가 따라오기 어려울 정도의 가격 메리트 때문에 지속적으로 히트 상품의 자리를 유지하고 있지만 대부분의 히트 상품은 경쟁사가 쉽게 따라 할 수 있는 상품들이다. 이것이 브랜드 이미지와 결합하여 시너지를 내는 불멸의 히트 상품이 되는 것이다. 좋은 상품, 잘 팔리는 상품을 개발하는 것도 중요하지만 이것을 지속적으로 히트 상품화할 수 있는 브랜드 파워와 이미지 관리도 중요하다.

유기농 젤라토 그롬

그롬Grom이라는 젤라토 브랜드는 2003년에 구이도 마르띠네띠Guido Martinetti와 페데리코 그롬Federico Grom이 각각 3만 2천 유로씩 투자하여 유기농 젤라토 사업을 시작하며 탄생되었다. 그해 5월에 토리노에 첫 매장을 오픈하였다. 빙과류는 크게 아이스크림, 젤라토, 소르베토로 분류할 수 있다. 소르베토는 한국의 빙수처럼 물을 이용하므로 유지방이 전혀 없어서 구분이 바로 된다. 하지만 많은 사람이 젤라토를 아이스크림과 혼용해서 사용하는데 이것은 실제로는 완전히 다른 제품이다. 일반적인 아이스크림은 유지방 함유량이 19% 전후인 데 비해, 젤라토는 유지방 함유량이 10% 미만이며, 아이스크림에 비해 공기 함유량이 35% 정도 적어 밀도가 높아 맛이 진하다. 그래서 젤라토를 아이스 밀크라고 분류하며, 미국에서는 아이스크림과 아예 다른 품목으로 구분 관리되고 있다.

이들이 출시한 유기농 젤라토는 소비자로부터 폭발적인 반응을 얻었고, 2006년에 슬로 푸드상을 수상하고 토리노의 마스터 오브 푸드Master of Food로 선정이 되며 전세계 매스컴의 극찬을 받았다. 이를 발판으로 2007년부터 뉴욕 파리 등 전세계로 사업을 확장하게 된다.

이탈리아는 중소기업의 나라이고 소규모 상점으로 시작하는 비즈니스가 이탈리아 시장에서의 성공에 안주하는 것이 아니라 글로벌 시장을 지향함으로써 이런 강소기업들이 끊임없이 배출되는 것이 아닐까 생각한다. 이탈리아 최고급 커피회사인 일리Illy Caffe에서 회사의 가치를 인정하고 초기에 5% 정도 지분 투자를 했고, 2013년 매장 60여 개, 매출 3천만 유로로 성장했다고 하니, 10년에 걸쳐 차분하게 크고 있는 이탈리아 중소기업의 성장 사례가 아닐까 생각한다.

그롬에서는 해당 시즌의 농산물만 원료로 사용한다. 베스트셀러 중 하나인 딸기맛 젤라토는 겨울에는 신선한 딸기를 구할 수 없으므로 맛볼 수가 없다. 이들은 끊임없는 상품 개발과 맛에 대한 혁신, 그리고 유기농이라는 기본 개념의 전제하에 사업을 확장 중이다. 포장된 젤라토 제품을 출시하여 슈퍼마켓 판매를 추진하고 있고, 2013년부터는 그롬 유기농 베이커리 사업도 추진하고 있다. 이탈리아 젤라토는 한국의 김치처럼 모든 상점마다 개인적인 방법으로 만들기 때문에 맛이 다 다르다고 한다. 주변에 늘 있었던 젤라토지만 이들은 유기농이라는 콘셉트로 체인화, 글로벌화를 진행하고 있다. 개인의

그롬의 유기농 농장

아이디어 하나가 만들어 낸 파급 효과는 현재 직원 600명의 고용 수준에서 지속적인 성장을 통해 더 많은 고용을 창출할 것이고, 유기농 농장이라는 새로운 사업의 수익 모델도 만들었다. 아프리카 지역의 가난한 나라에서 다양한 유기농 원료 소싱을 하고 있는데, 그 나라의 농부들로부터 제품을 구매하는 활동을 통해 인류에 기여해 나갈 것이다. 수익을 창출하는 것이 기업의 목표이지만 이 사업으로 만드는 수익은 착한 수익이 아닐까?

TIP 그롬의 철학

'좋은 회사'는 단순히 좋은 품질의 상품만을 제공하는 것이 아니라 좋은 방식으로 사회에 접근하고 좋은 회사가 되기 위하여 최선을 다한다. 이탈리아의 세금이나 노동 환경을 고려하면 추진하기 어려운 행동들이지만 그롬은 좋은 아이스크림을 만들어 판매해야 하기 때문에 모든 직원이 첫 출근부터 정규직으로 업무를 시작한다. 그리고 100% 영수증을 발행하여 세금을 그대로 내고 깨끗한 경영을 추구한다. 또한 그롬은 자연을 생각한다. 그래서 'Grom Loves World' 프로젝트를 시작하였고, 자신들의 철학을 고객과 나누고 있다. 그롬의 농장인 무라무라(Mura Mura)에서는 유기농 과일을 재배하고 회사에서나 매장에서도 일반 플라스틱 제품을 전혀 사용하지 않고 아이스크림에 첨가제도 일절 사용하지 않는다.

400년 전통의 파르마치아 산타마리아노벨라

　산타마리아노벨라는 1221년 피렌체의 도미니코회 수도원에서 직접 재배한 약초로 수도승을 위해 조제한 것을 시초로, 그 효능이 널리 일반 대중에게도 알려져 1612년부터 일반인에게도 판매하기 시작했다. 이후 산타마리아노벨라는 여러 종류의 천연 약품도 생산하고 있는 400년의 역사를 가진 피렌체의 전통 핸드메이드 코스메틱 브랜드로 성장했다. 회사의 모체였던 수도원은 산타마리아 교회로 발전하였고, 피렌체의 중요한 교회가 되었다.

　이들의 제품은 피렌체 메디치가를 포함하여 유럽의 왕족이나 귀족들이 애용해 왔고, 현재까지도 최상의 천연 원료와 전통적인 생산 방식에 따라 작업을 하고 있다. 향수, 에센스, 스킨케어, 바디·헤어

핸드메이드로 하나하나 만들어지는 산타마리아노벨라의 향초

용품, 비누, 방향제 등의 코스메틱과 꿀, 티, 허브, 시럽, 초콜릿, 오일, 향료 등을 수작업으로 생산한다. 현재는 4대 후손인 마르타 스테파니^{Marta Stefani}로부터 회사를 인수한 전문 경영인 에우제니오^{Mr. Eugenio Alphandery}가 산타마리아노벨라의 주인이며 경영자이다. 뉴욕, 런던, 파리, 도쿄, 서울 등 전세계 주요 도시에 피렌체 플래그십의 콘셉트를 유지한 매장을 확장해 나가고 있다.

밀라노에 근무하면서 이 사업의 독점 판매권을 받아 제일모직에서 한국 수입 판매사업을 진행하였는데, 유구한 역사와 전통, 수작업 천연 원료로 생산하는 상품 품질로 인해 소비자의 폭발적인 인기를 얻

산타마리아노벨라의 오너인 에우제니오

었고, 좋은 피부를 가진 유명 연예인이 사용하는 수분 크림이 소문이 나면서 한국에서 최고 히트 상품 반열에 오르기도 했다. 그러나 한국에서의 사업은 색조 제품이 없어 사업이나 유통 확장에 어려움을 겪게 되었고, 결국 2013년 제일모직은 이 사업을 중단하고 신세계 백화점에서 사업을 인계 받아 진행하고 있다.

산타마리아노벨라의 화장품은 전통의 제조방식을 400여 년간 꾸준하게 이어온 것이 현재에 재조명 받으며 소비자들의 인기를 끌고 있다. 이탈리아의 전통적인 삶의 방식을 전세계에 전파하는 첨병이 된 셈이다. 피렌체에 위치한 산타마리아노벨라의 매장과 뮤지엄은 수많은 전세계 VIP들이 피렌체 방문 시 꼭 한 번은 들러야 하는 코스로 자리 잡고 있다.

전통방식에 목매지 않은 도전,
이탈리아 와인 사씨카야

최근 이탈리아 와인이 프랑스를 추월해 세계 1위 생산 및 수출국가가 되면서 많은 사람들이 프랑스 와인과 이탈리아 와인의 차이점을 궁금해한다. 이탈리아는 포도 농사에 천혜의 조건을 갖추고 있다. 포도 성장에 적합한 석회질이 포함된 지질, 이탈리아 전역에 펼쳐진 수없이 많은 200~500m 높이의 구릉지대, 온화한 지중해성 기후에 일조량이 길어 당도와 산도의 균형이 맞는 와인에 적합한 포도가 생산된다. 이탈리아는 와인 백화점이라 표현할 수 있을 정도로 와인의 종류가 다양하다. 전세계 400여 종의 모든 포도 종자가 이탈리아 전역의 백만 농가에서 재배되고 있다. 지중해성 기후에 반도가 워낙 길다 보니 나라 곳곳에 약 5만여 개의 와이너리가 분포되어 지역마다 특징적이고 특색 있는 와인을 생산한다.

그동안 이탈리아 와인이 프랑스 와인에 비해 제대로 인정을 못 받은 가장 큰 이유는 뒤늦은 현대화라고 할 수 있다. 이탈리아에서는 1960년대가 되어서야 원산지 및 와인에 대해 등급제를 실시하며 제대로 현대화된 고급 와인이 생산되기 시작했으니 전체적으로 프랑스보다 발효나 숙성 기술이 좀 떨어졌던 것은 사실이다. 그리고 워낙 다양한 포도를 재배하는 방식이다 보니 아직 땅에 대한 등급제를 시행하고 있지 않다. 이런 이유로 감각적이고 미세한 부분에서 프랑스 와인에 좀 뒤처진다는 평이다.

와인은 맛과 느낌에 관련되어 있어 복잡 미묘하기 그지없다. 같은 밭에서 생산된 포도로 만든 와인이라도 숙성을 시킬 때 프랑스산 오크통을 사용했는지, 이탈리아산 혹은 헝가리산을 사용했는지에 따라 맛이 달라진다. 개인의 취향이나 느끼는 맛은 모두 다 다를 수밖에 없기 때문에 와인은 많은 사람이 좋아하는 맛을 찾아가는 작업이라고 할 수 있겠다. 해당 포도에 가장 알맞은 맛을 찾아내는 작업은 상당히 과학적이지만 또 한편으로는 감각적인 활동이라고 할 수 있지 않을까?

400여 포도종 중에서 이탈리아를 가장 대표하는 포도종으로는 키안티Chianti, 브루넬로 디 몬탈치노Brunello di Montalcino 등의 와인을 만드는 토스카나 지방의 산 죠베제San Giovese, 바롤로Barolo와 바르바레스코Barbaresco 등을 만드는 피에몬테 지방의 네삐올로Nebbiolo, 그리고 시칠리아 토착 품종인 네로다볼라$^{Nero\ D'abola}$를 들 수 있다. 이탈리아 3대 와인으로는 바롤로, 브루넬로 디 몬탈치노 그리고 아마로네^{Amarone}를 꼽는다. 아마로네는 야외 원형극장의 오페라로 유명한 베로나 인근의 발폴리첼라 지역에서 생산된다. 최상의 포도만을 선별하여 5개월 이상 다락방의 볏집에서 말려 당도를 높이기 때문에 맛이 진하고 향기로우며 알코올 도수 15도 이상의 와인이 된다.

이탈리아 와이너리로서 가장 유명한 곳은 안티노리$^{Antinori,\ 1385년}$와 가야$^{Gaja,\ 1859년}$이다. 각각 토스카나와 피에몬테를 대표하는 곳이지만 이 외에도 브루넬로 디 몬탈치노를 만들어 낸 비욘디 산티$^{Biondi\ Santi,\ 1888년}$와 사씨카야^{Sassicaia}를 생산하는 테누타 산 구이도$^{Tenuta\ San\ Guido,\ 1940년}$는 제대로 된 이탈리아의 자존심이라고 할 수 있다.

삼성 그룹의 이건희 회장이 2003년 추석에 사씨카야, 2004년 추석에 띠냐넬로^{Tignanello}를 임원들에게 추석 선물로 주어 한국에서 이 와인이 상당히 유명해졌다. 이탈리아 토스카나 지방에서는 와인을 만들 때 전통방식에 전통 품종만을 사용해야 한다는 불문율이 있었다. 그러나 테누타 산구이도는 사씨카야라는 프랑스산 카베르네 소비뇽을 사용하여 프랑스식 제조법으로 와인을 만들었고, 이런 기존 전통을 고집하지 않는 개혁적인 시도로 엄청난 성공을 거두었으며, 슈퍼 토스카나$^{Super\ Toscana}$라고 하는 새로운 카테고리를 만들며 최고급 와인의 대명사가 되었다. 사씨카야의 성공을 보고 안티노리에서는 이탈리아 전통 포도 품종인 산죠베제에 보르도 품종을 블렌딩해서 1971년에 새로운 와인을 하나 더 출시하는데 이것이 띠냐넬로이다. 처음에는 테이블 와인으로 분류되는 시련을 겪기도 했지만 사씨카야가 전통만

사씨카야의 에이징 셀러

사씨카야의 와이너리

테누타 산 구이도의 와인 셀러

을 고집하지 않고, 기존 구습을 깨고 변화를 시도해 성공을 거둔 만큼 이건희 회장의 선물도 도전정신을 함축한 것이 아닐까 생각한다.

이탈리아, 커피의 종주국!

Il caffè, per esser buono, deve essere nero come la notte, dolce come l'amore e caldo come l'inferno.

좋은 커피가 되기 위해서는 밤처럼 까맣고 사랑처럼 달콤하며 지옥처럼 뜨거워야 한다.

Mikhail Bakunin

이탈리아에서 누릴 수 있는 최상급 커피

이탈리아의 위대한 발명품 중에 전화[10], 전지, 안경, 피아노 등과 더불어 전세계에 가장 큰 영향을 미치고 있는 것이 이탈리안 커피가 아닐까. 20세기 초반에 발명된 에스프레소 머신으로 인해 이탈리아는 전세계 커피의 종주국이 되었다. 이탈리아에 살면서 가장 큰 축복 중의 하나가 맛있는 커피를 싸게 마실 수 있는 것이다. 동일한 커피 원료라도 한국이나 다른 나라에서는 같은 맛을 느끼기 힘들다. 물맛이 다르기 때문이라고도 하는데 이탈리아 물을 사서 끓여도 참으로 신기하게 같은 맛을 느끼기 어렵다. 전세계 커피시장을 장악하고 있는 스타벅스의 아놀드 회장도 이탈리아 골목길에서 이탈리아 커피사업의 꿈을 꾸지 않았는가?

이탈리아에서 유명한 커피하우스는 최근에 LVMH에 인수된 밀라노의 코바, 카사노바가 감옥에서 탈출하면서도 그 커피 맛을 잊지 못해 커피를 한잔 마시고 도망을 쳤다는 일화가 전해지는 베네치아의 플로리안 카페, 피렌체의 질리, 로마의 안티코 카페 그레코 등이 있지만 이탈리아의 많은 사람들이 가장 맛있는 커피를 맛볼 수 있는 곳으로 추천하는 곳은 고속도로 휴게소이다. 휴게소에 워낙 손님이 많다 보니 원두가 가장 신선하고, 커피를 워낙 많이 뽑아서 기계에도 맛이 배어 있다고 한다. 이탈리아 사람들은 평균 하루에 두 잔 정도 커피를 마시는데, 이탈리아인의 독특한 입맛 덕분인지 전세계 원두 커피시장을 장악하고 있는 일리, 세가프레도, 라바짜 등은 이탈리아

---

10 사람들이 1876년 알렉산더 그레이엄 벨이 전화를 처음 발명한 것으로 이해하고 있으나 전화는1849년 쿠바의 하바나에서 이탈리아인 안토니오 메우치가 최초로 발명하였다. 그는 1849년 이것을 발명할 당시 '텔레트로포노(teletrofono)'라고 이름지었었다.

의 대표적 커피회사로 한국에도 많이 알려져 있다.

아무리 화려한 고급 호텔이나 카페라도 서서 마시는 커피는 1유로 전후이며, 주문을 하고 앉아서 마시는 경우 바마다 다르지만 테이블 및 서비스 차지를 포함해 5유로 전후다. 최고급 원두 커피를 1유로에 마실 수 있다는 것만으로도 커피의 천국이라고 할 수 있지 않을까?

식당에서나 바에서 주문하는 커피는 이탈리아 사람의 다양성을 확실하게 느끼게 만들어 준다. 개인의 취향에 따라 보통 10명이 모이면 5~6가지 커피가 주문이 되는 것 같다. 우리가 아는 에스프레소만 해도 취향에 따라 30ml의 에스프레소 노르말레, 20ml의 리스트레토, 60ml의 카페 룽고, 에스프레소 두 잔을 큰 한 잔에 모아 서빙이 되는 도피오가 있고, 카페 마키아토도 차가운 것, 뜨거운 것, 거품이 없는 것 등 다양하게 주문할 수 있다. 마로키노는 마키아토 칼도와 유사하지만 우유가 조금 더 들어가고 초콜릿 가루를 뿌려 주는데 투명한 잔을 사용하고, 잔 사이즈는 카푸치노와 에스프레소의 중간 사이즈를 사용한다. 이외에도 젤라토에 에스프레소를 부어 먹는 아포가토, 얼음에 섞어 흔들어 거품을 내는 샤케라토, 에스프레소에 술을 1:1로 타먹는 코레토 등 다양한 종류의 커피가 있다. 물론 여기 이탈리아에도 아메리카노를 즐기는 사람도 있고, 카페인 없는 커피를 마시는 사람도 있지만, 커피의 제맛은 역시 에스프레소 아닐까? 이탈리아 사람들의 개성을 그대로 느낄 수 있는 커피 문화는 그들의 맛에 대한 탐구심과 개인의 다양성을 존중하는 문화에서 기인한 것이다. 이탈리아 커피 산업은 여전히 전세계의 중심에 있다. 전세계 유명한 카페나 커피하우스에서 판매되는 커피들은 대부분 이탈리아 제품들이다.

젤라토에 에스프레소를 부어 먹는 아포가토

발상의 전환, 온라인 아울렛 YOOX

온라인 쇼핑몰인 YOOX^{욕스}는 2000년에 볼로냐에서 시작된 온라인 아울렛몰로 현재는 이탈리아뿐 아니라 미국, 일본, 홍콩, 프랑스, 스페인, 중국에 지사를 운영하고 있다. 2000년 Bain & Co에서 럭셔리 분야 컨설턴트로 근무하던 페데리코 마르케티가 세운 YOOX는 남성을 뜻하는 염색체인 'Y'와 여성을 뜻하는 염색체인 'X' 사이에 창립 연도이기도 하며 무한을 뜻하는 '00'을 넣어서 만든 이름이다.

공식 자료에 따르면 2013년 YOOX의 매출은 4억 5,560만 유로, 순수익은 1,260만 유로이며, 2014년 3월 기준 매달 YOOX 그룹의 홈페이지들^{Yoox.com, Thecorner.com, Shoescribe.com}을 방문하는 순방문자 수[11]는 평균 1,480만 명, 월평균 주문 84만 2,000개, 고객 1인당 194유로 소비^{세금제외}, 월평균 액티브 유저 11만 3,500명이다.[12]

YOOX는 2000년 창립 당시 편집매장들을 통해 재고를 구매하였다. 이탈리아의 편집매장들은 브랜드로부터 제품을 완전 사입하는 형식이어서 시즌이 끝난 후 재고 처리에 고민이 많았는데, 매장으로부터 재고를 100% 인수해 줌으로써 원원하는 사업 모델을 만든 것이다. 이렇게 재고 중심의 온라인 아울렛몰로 시작한 YOOX는 현재 남성, 여성 컬렉션 전문 쇼핑몰 Thecorner.com^{2008년 론칭}, 신발 전문 쇼핑몰 Shoescribe.com^{2012년 론칭}뿐만 아니라 마르니, 디젤, 제냐, 스텔라 맥카트니를 비롯한 37개 패션 브랜드의 온라인 스토어 운영 사업을

---

11 순방문자(Unique Visitor) 수는, 한 방문자가 여러 번 방문한 경우에도 1로 기록된다.
12 YOOX S.P.A. Comunicato Stampa, 2014년 3월 공식 자료

2006년부터 전개하고 있다. 그리고 리치몬드 그룹의 온라인 명품 쇼핑몰인 Net-a-porter를 2015년 4월 흡수 합병했다.

YOOX가 성공할 수 있었던 가장 큰 요인은 기존에 존재하지 않았던 새로운 스타일, 즉 온라인 아울렛이라는 콘셉트를 제시하였다는 점이다. 이를 통해 고객들은 고급 브랜드뿐 아니라 중저가 브랜드까지 매우 다양한 상품들을 평균 50% 정도 할인된 가격에 구매할 수 있고, 브랜드들은 자체 아울렛을 만들어 스스로 브랜드 이미지를 손상할 수 있는 위험을 감수하는 대신 YOOX에 재고 전체를 넘겨 판매, 관리를 맡김으로써 비용의 절감, 효율성의 극대화를 만들어 냈다. YOOX는 수많은 브랜드와 계약을 맺어 제품을 구매하고 있는데, 일반 아울렛이나 온라인 쇼핑몰이 매출액에서 수수료를 받는 형태인데 반해 재고를 구매하여 직접 영업을 하는 형태이다. 브랜드나 재고형태에 따라 다르지만 도매 가격의 40~50% 수준의 가격으로 구매를 한다.

하지만 일반 아울렛들과는 달리 YOOX는 자체 화보 촬영 등을 통하여 고객들에게는 여전히 고급 상품을 사고 있다는 이미지를 심어주고 브랜드들에게는 할인 상품을 판매함에도 불구하고 브랜드 이미지를 손상시키지 않는 데에 중점을 두어 두 마리 토끼를 다 잡았다고 할 수 있다.

YOOX의 또 다른 성공 요인은 서비스의 질이다. YOOX 배송의 정화성[13]은 99.33%라고 한다. 이는 고객들의 신뢰를 쌓을 수 있는 가장

---

13 YOOX 의 대표 Federico Marchetti의 2012년자 Oggi와의 인터뷰에 따르면 신속도, 명시된 배송 기간을 엄수하는 것이 99.3% 이상이라고 한다.

중요한 요소이며, 또한 교환일 경우에는 추가 배송비를 요구하지 않는다. 이러한 점은 인터넷 구매에 익숙하지 않은 고객들의 가장 큰 문제점인 입어 볼 수 없어 구매할 수 없다는 문제점을 겨냥한 해결책이라 할 수 있다.

YOOX의 회장인 페데리코 마르케티^{Federico Marchetti}는 2012년 인터뷰를 통하여 창업 후 12년이 지난 지금 YOOX에서의 모습은 1999년 크리스마스에 작성하던 자신의 비즈니스 플랜과 거의 달라지지 않았다고 말한다. 그는 당시 온라인 쇼핑몰이 가지고 있던 한계점을 분석, 그에 대한 새로운 해결책을 제시하는 형태로 비즈니스에 접근했는데, 이런 방식은 많은 이탈리아 젊은 창업자들에게 좋은 사례가 되고 있다.

그러나 최근 YOOX는 스스로 만든 기준에 스스로 옭매여 약간은 정체하는 모습이다. 모든 나라에 직접 진출하는 형태, 즉 자신들이 본사에서 모든 것을 총괄하는 형태의 사업 운영을 하고 있는데, 글로컬리제이션^{Glocalization}을 제대로 하지 못해 전세계에서 가장 큰 온라인 시장 중의 하나인 아시아 시장에서는 큰 위력을 발휘하지 못하고 있다.

슬로 쇼핑의 대명사, 10 꼬르소 꼬모

1990년 이탈리아 밀라노에 갤러리스트이자 출판인이었던 카를라 소짜니^{Carla Sozzani}가 설립한 10 꼬르소 꼬모는 예술과 패션, 디자인을 위한 공간으로 이전까지는 존재하지 않았던 콘셉트 스토어 개념이 세계 최초로 적용된 공간이다. 〈보그〉 이탈리아와 〈엘르〉 등의 편집장으로 20년 이상 일한 경력을 바탕으로 오랫동안 꿈꾸고 계획했던 일, 즉 잡지에 글을 쓰는 일에서 벗어나 대체 공간을 만들어 실제로 아트, 패션, 문화, 요리, 음악, 디자인 등 많은 주제를 다루는 '살아 있는 잡지'를 만드는 것이 목적이었다. 카를라 소짜니는 1988년에 출판사 'Carla Sozzani Editore srl'을 설립하고 1990년 갤러리 'Galleria Carla Sozzani'를 오픈했다. 그녀가 선택한 꼬르소 꼬모 거리는 오픈 당시에는 가리발디역 앞에 있는 슬럼가였다. 르노자동차 차고였던 공간을 개조하여 1991년에 토털 라이프스타일 스토어 '10 Corso Como'를 오픈하였다. 다른 편집매장과 다르게 카를라는 미국 건축가 출신 아티스트인 크리스 루스Kris Ruhs의 든든한 지원을 받고 있다. 10 꼬르소 꼬모의 로고나 여러 가지 디스플레이 집기 등 매장의 모든 디자인 콘셉트를 크리스 루스가 책임지고 있다. 매장 공간을 계속 확장하여 1998년 레스토랑 '10 Corso Como Café', 2003년 호텔 '3 Rooms'를 오픈하며 현재의 모습을 갖추게 되었다. 호텔은 쇼핑 공간 외에 쉬어 갈 수 있는 집처럼 편안한 휴식 공간을 만들자는 생각 끝에 2년간의 공사기간을 거쳐 만들어졌다. 3개의 룸을 각기 다른 스타일로 개성 있게 꾸몄으며 중세 느낌에서부터 모던함까지 한곳에 담았다.

이후 2008년 청담동에 제일모직을 파트너로 서울 매장을 오픈했고, 2013년 상해에도 매장을 열었다. 매장의 콘셉트는 독특한 융합과 슬로 쇼핑이다.

10 꼬르소 꼬모는 다기능을 추구하는 철학을 바탕으로 전세계 곳곳의 예술, 패션, 음악, 디자인, 음식 및 문화의 독특한 융합을 이루

10 꼬르소 꼬모의 입구

매장 내부 전경

어 왔다. 특히 미적 요소와 다양한 감각을 자극하는 감성을 반영한 공간으로 '보고, 듣고, 맛을 음미하고, 향을 맡아 보아야' 10 꼬르소 꼬모를 제대로 느낄 수 있다.

또한 10 꼬르소 꼬모는 기존 패션 스토어의 운영방식에서 탈피하여 새로운 마케팅 철학인 '슬로 쇼핑'을 제안하였다. 슬로 쇼핑은 고객을 예술과 디자인 그리고 패션을 한 공간에서 여유롭게 거닐면서 만나게 하며, 다양한 감각과 문화가 맞닿는 장소에서의 한가로움을 느낄 수 있게 한다.

10 꼬르소 꼬모 밀라노는 패션과 디자인 매장, 카페&바, 서점, 갤러리, 호텔 등을 포함하여 약 1,200평의 면적으로 구성된 토털 라이프스타일 스토어로 1층에는 패션과 디자인 제품, 카페가 있고 2층에는 서점과 갤러리, 3층에는 호텔이 있다. 2012년에는 루프가든을 오픈하여 고객에게 여유로움을 제공하고 있다.

2007년 삼성물산 근무 당시 꼬르소 꼬모 사업을 유치하는 일을 했었던 필자는 카를라와 그의 전남편이자 대표인 도나토 마이노^{Donato Maino}를 만날 기회가 자주 있었다. 슬로 쇼핑은 고객을 푸시하는 것이 아니라 풀링^{Pulling}하는 것이라고 했던 말이 인상적이었다. 자신의 사업 모델은 바로 이익을 만들기가 어려우므로 아주 길게 보아야 하고 자신처럼 도시 외곽에 건물을 사서 사업을 진행하기를 추천하였다. 꼬르소 꼬모 매장이 오픈하게 되면 자연히 새로운 상권이 생길 것이고, 이에 따라 부동산 가격이 많이 오를 것이므로 매장 손익의 어려움은 그것으로 극복하라고 추천하였다. 실제 지금의 10 꼬르소 꼬모는 원래 슬럼가였다는 말이 무색할 정도로 밀라노에서 가장 각광 받

10 꼬르소 꼬모를 설립한 카를라 소짜니

는 젊은이들의 명소가 되었다. 그리고 2015년 밀라노 엑스포 개최의
중심지로 변신했다. 스스로의 가치를 깨닫고 기존 상권에 힘들게 어
렵게 진입하는 것보다는 본인이 상권을 만들어서 자신의 건물 가치도
올리고 주변 상권과 함께 동반 성장하는 모습은 패션이나 유통업계
가 선택할 수 있는 창조 경제 모델 중 하나가 되지 않을까 생각한다.

품질에 대한 타협 없는 고집, 에르메네질도 제냐

1910년 에르메네질도 제냐Ermenegildo Zegna는 원단 특화 지역인 비엘라에서 본인의 이름을 딴 직물회사를 설립하여 고품질 제품 중심으로 원단 사업을 시작하였다. '메이드 인 이탈리아'의 섬세함과 타회사와의 차별화된 부드러움을 강화한 가공 품질로 고급 복지 수요의 한 축을 차지하며 승승장구하게 된다. 한때는 에르메니질도 제냐 자체로만 2백만 미터 이상의 복지를 생산 판매하였으나 이탈리아 원단 업체들이 어려운 환경에 처한 그대로 제냐 역시 인수업체인 실크 직물을 생산하는 노바라, 캐시미어 직물 중심의 아뇨나를 합쳐서 현재 연간 원단 생산량은 약 150만 미터 수준이다.

한국 양복점에서도 최고급 맞춤 복지로 판매가 되고 있는데, 최고급 퀄리티의 울, 캐시미어, 모헤어 중심으로 생산하고 있다. 제냐 원단은 단적으로 '부드럽다'라고 표현할 수 있다. 원단 생산 공정에 효율이 좋은 기계를 일부 도입했지만 여전히 백년 전의 전통 노하우를 고집스럽게 계속 유지하고 있다. 특히 원단 제조 마지막 공정인 코밍 과정에서 코밍 기계 표면에 남부 이탈리아에서 야생하는 티슬 열매를 사용하여 더욱 부드러운 촉감의 기모 가공 노하우를 유지하고 활용하고 있다.

브랜드력이나 상품 경쟁력을 이해하는 데 가장 좋은 것은 원단의 가격을 비교해 보면 알 수 있다. 유사 제품을 생산하는 세 업체의 가격을 살펴보면 제냐의 트로페오 원단은 1m에 40~50유로 수준이고, 비슷한 종류인 로로피아나의 타스마니안은 30~40유로 그리고 대량

티슬 열매

생산을 하고 있는 비탈레 바르베리스 카노니코의 2/96×2/96 원단은 20유로 수준이다. 비슷한 양모를 사용해서 만든 원단이지만 누가 어떻게 만드느냐에 따라 완전히 다른 가치의 상품이 된다.

브루넬로 쿠치넬리라는 최고급 캐시미어 전문 브랜드가 있다. 이들은 상품 차별화를 위해 한동안 제냐의 캐시미어만을 사용했는데 전세계의 고급 캐시미어 원단은 로로피아나, 콜롬보, 피아첸자에서 시장 대부분을 장악하고 있었고 가격도 다른 원단업체의 캐시미어에 비해 훨씬 저렴하였다. 그러나 차별화된 제냐 캐시미어 원단의 부드러움은 이런 가격의 장해를 극복할 수 있게 만들어 주었다.

1960년대 에르메네질도 제냐의 2세대인 안젤로 제냐와 알도 제냐에게 경영권이 인계되고, 1968년 노바라에 남성복 생산 공장인 인코IN.CO를 설립하여 그리띠GRITTI란 브랜드명으로 컬렉션을 론칭하고 의류사업을 시작하였다. 1975년 직물회사의 명성을 완제품에 적용하자는 의견에 따라 에르메네질도 제냐Ermenegildo Zegna로 의류 브랜드명을 통일하였다. 그리고 1990년대 3세대로 경영권 승계가 시작되었고 제냐의 사업은 글로벌화가 가속화되었다.

1999년 여성복 아뇨나AGNONA를 인수하여 캐시미어 원단 생산 및 여성복 사업으로 영역을 확장하였다. 제냐에서 아뇨나를 운영하며 절대 포기하지 않았던 가치는 품질이다. 아뇨나 제품의 품질 수준을 신사복처럼 유지하기 위해 2002년 페라가모와 조인트벤처로 가죽 액세서리 생산회사인 제페르ZEFER를 설립하였고, 가죽 의류 제조회사인 롱기LONGHI를 인수하여 가죽 제품을 보강하였다. 2003년 제냐 향수를 론칭하며 완전한 남성 토털 브랜드로 자리를 잡게 되었다.

제냐는 근로자 복지와 환경 활동에도 큰 관심이 많은 기업으로 유명하다. 1932년에 근로자 복지와 지역환경 및 조경을 위해 공장 뒤쪽에 파노라마카 제냐 숲을 조성하기 시작하였다. 이후 자연보호활동 및 지역주민복리후생을 위해 파노라마카 제냐에 등산로 및 스키 리조트를 건설하여 직원과 지역 주민들이 활용하도록 하였다. 1993년에는 오아시 제냐를 조성하여 자연과 지역환경보호에 앞장서고 있으며, 이곳에는 제냐의 역사 박물관인 '제냐 카사'가 위치하고 있다. 2000년 설립된 '제냐 재단'은 자연보호 및 패션 철학, 제냐 기업의 가치관을 지키고 업적을 이어가기 위한 재단으로 예술가 지원 및 다양한 사업을 후원하고 있다.

2007년 건축가 안토니오 치테리오가 모던과 클래식을 조합한 디자인의 에르메네질도 제냐의 의류 본사 빌딩을 밀라노 토르토나 지역에 건설하였으며 2014년 국제가구 전시회 때 삼성전자가 이곳에서 전시회를 열기도 했다.

원부자재에서 완제품 생산, 판매까지 본사에서 직접 관리한다는 수직통합 경영체제를 원칙으로 가족 경영을 해오고 있다. 창립자의 아들 안젤로와 알도에 이어 3세대 4촌 8명이 각 12.5%의 지분을 갖고 있다.

2012년 매출액 12억 6천만 유로이며, 제냐 그룹 전체에 약 7천여명의 직원^{원단회사 약 450명}이 근무하고 있으며, 의류매장은 전세계 약 550여 개로 50%가 직영매장이다. 최근에는 이커머스를 강화하고 있는데 전세계 54개국에서 온라인 구매가 가능하다.

에르메네질도 제냐의 남성복 컬렉션

오아시 제냐

SCM 경영과 혁신의 대명사,
비딸레 바베리스 까노니코

　1663년 창업된 비딸레 바베리스 까노니코^{Vitale Barberis Canonico}는 350년의
역사를 가진 원단 제조업체이다. 직원은 370명 정도로, 연간 750만 미
터의 직물을 생산하는 이탈리아 원단 제조 1위 업체이다. 비엘라 업
체 중에는 특이하게 외주가 거의 없이 대부분 자가 생산이며 자동화
를 이루어 원단업체 중 생산성은 전세계 1위이다. 직원 근로 환경 개
선의 일환으로 원단 제직 시의 소음 문제를 해결하기 위해 직기에 지
붕을 덮어 씌우는 방식으로 저소음 생산 설비 시스템을 도입해 운영

비딸레 바베리스 까노니코 본사 전경

중이다. 원단업계 최초로 전사적 자원 관리^{ERP} 시스템을 구축하여 기획, 소싱, 제조, 출고, 물류 경로를 정보화하고, 원단 비축 서비스를 실시했다. 또한 SCM^{Supply Chain Management14}을 도입하여 원료 공급부터 물류업체인 페덱스까지 아우르는 공급망 관리를 통해 원가 절감, 품질 균일성을 보장하고 있다. 수년 전부터 휴고 보스, 에르메네질도 제냐 등 대형 거래선과 SCM 시스템을 연결하여 통상 90일인 원단 납기를 4주로 단축하는 등 서비스 차별화 및 효율 극대화를 추진하고 있다.

일반 제품과 원단은 SCM 적용방식이 다를 수밖에 없다. 사전 예

---

14 SCM이란 유통 공급망에 참여하는 모든 업체(원부자재, 공장, 물류, 판매 등)를 IT(Information Technology)로 연계하여 정보를 공유하여, 재고 수준을 최적화하고 납기를 단축하여 양질의 상품 및 서비스를 고객에게 제공하기 위한 기업의 중요한 생존 및 발전 전략이다.

측이 어려운 원단 특성상 SCM은 슈트용 기본 원단을 중심으로 이루어진다. 고객사의 요구에 의해 팬시한 원단을 가끔 취급하지만 90% 이상이 기본물이다. 총매출에서 기본 비축 원단[15]을 제외하면 7% 정도가 순수 SCM을 통한 매출이다. SCM을 위해서는 사전 정보 교환이 필수이며 휴고 보스, 제냐 등 15개 업체와 SCM을 공동 진행하고 있는데, 이 중 5개 업체는 자신들의 시스템에 직접 연결해 생산 진행 현황 및 납기, 재고 현황 파악을 상시로 체크하며, 시스템이 연결되지 않은 업체에는 데일리 리포트가 메일로 전달된다.

원단과 원사 두 가지로 SCM을 진행하는데, 원사의 경우 기획 단계에서 고객사가 예상 발주 수량을 전달하면, 직조가 가능하도록 원사를 사전 준비해 두는 방식이며, 납기는 통상 6주이다. 원사의 경우는 고객이 발주를 취소, 변경해도 전혀 책임을 묻지 않으며 모든 재고는 자체적으로 운용 관리한다.

현재 10여 개 업체와 원사방식의 SCM을 진행 중이다. 원단의 경우는 고객사와 협의하에 일정 수량의 원단을 별도 요청이 있을 때까지 지속적으로 재고량을 유지하는 방식이다. 아티클에 따른 일정 수량 확보 요청에 따라 사용되는 원단을 수시 파악해 생산하여 상시 일정량의 재고를 비축해 두는 방식으로 고객사가 재고에 대해 책임을 지며, 보관 및 배송을 고객사가 원하는 시점에 해주는 방식으로, 5개 업체와 이 방식으로 거래 중이다.

고급 원단 생산과 자동화 시스템은 잘 매치가 되지 않지만 비딸레

---

[15] 번치북을 만들어 전세계 고객사 및 에이전트에 공급하고 상시 수주

비딸레 바베리스 까노니코의 선진화된 원단 관리 자동화 시스템

바베리스 까노니코는 남들이 가지 않은 길을 선택하고 노력하여 전 세계 최고의 원가 경쟁력을 보유하고 있다. 게다가 그들이 운용하는 전사적 자원 관리 시스템은 도저히 경쟁사가 따라 하기 어려운 상태까지 진화하여 품질 관리뿐만 아니라 회사 경영 전반에 뿌리내려 전 세계 1위의 생산성을 자랑하고 있다. 한국의 수많은 방모, 소모 원단 업체가 중국의 저가 원단 공습에 대부분 경쟁력을 잃고 폐업하고 지 금은 거의 산업으로서의 의미가 사라진 상태인 데 반해 여전히 승승 장구하고 있는 이탈리아 원단업체를 보면 참으로 많이 아쉽고 안타 깝다.

유기농 음식 백화점, 이탈리

먹다^{Eat}와 이탈리아^{Italy}의 합성어로 탄생된 Eataly$^{WWW.EATALY.IT}$는 첼 레스티노$^{Celestino\ Ciocca}$라는 사람의 아이디어로 상표 등록이 되어 있었 는데, 2004년 오스카 파리네티$^{Oscar\ Farinetti}$가 상표권을 구매하여 2007 년에 토리노에 첫 매장을 오픈하며 사업을 시작했다. 슬로 푸드를 기 본 콘셉트로, 생산자로부터 직접 구매를 하여 가격이 합리적이다.

이탈리는 이탈리아의 전통방식으로 생산한 2만여 가지 고품질 식 품을 전문적으로 판매하는 글로벌 체인 마켓이다. 다양한 형태의 중 대형 체인점을 지속적으로 개점하고 있으며, 매장에서만 경험할 수 있는 재미와 즐거움을 위해 매월 음식에 관련된 다양한 이벤트를 진 행하고 매장 내 직영 레스토랑 사업을 같이 진행한다.

유기농 재료로 만든 수제 햄버거도 취급하며 라이트$^{L'ait}$, 라바짜

Lavazza, 누텔라Nutella 등의 회사와 협업해 매장 내 다양성도 제공하고 있다.

이탈리에서는 쿠킹 클래스를 운영한다. 매장에서 슬로 푸드 코스, 디너 코스 등을 통해 요리를 직접 배울 수도 있으며, 어린이 프로그램도 운영한다. 2010년 뉴욕 피프스 애비뉴에 7,000m²의 매장을 오픈하였고, 2013년에는 MSC 크루즈사와의 협력으로 유람선 프레지오사호에 해상 레스토랑을 오픈했으며 이커머스 서비스도 론칭하였다. 이탈리아 볼로냐와 베니스, 미국 LA에는 푸드 테마 파크를 오픈할 예정이다.

2007년 첫 매장으로 시작한 이탈리는 2012년 매출이 3억 유로 수준까지 올랐으며, 전세계 주요 도시에 30여 개의 매장을 운영하고 있다.

늘 이탈리아인들 눈앞에 있던 음식이고 여러 곳에서 보아 오던 식품들이지만 이것을 하나로 엮어 비즈니스로 만들어 낸 것은 발상의 전환이 만든 성과라고 하겠다. 한 사람이 생각을 바꾸어 만든 비즈니스가 개별적으로 경쟁력 있는 상품이나 브랜드만 추진하던 이탈리아 농산물의 국제화, 세계화에 힘을 더하고 있다.

이탈리 매장

이탈리 뉴욕 매장

chapter

07

이탈리아 패션 클러스터

"디자이너들은 전 세계적으로
이탈리아의 이미지를
바꾸어 놓았다."

산토 베르사체

이탈리아는 중소기업 비중이 전세계에서 제일 높은 나라다. 50% 이상의 이탈리아 산업이 중소기업에서 만들어진다는 조사 결과처럼 섬유, 패션뿐만 아니라 다른 업종에서도 중소기업의 활약은 두드러진다.

대부분의 중소기업은 자생적으로 개인 공방에서 출발한 가업을 이어 내려오며 형성이 된 형태가 대부분이다. 대대로 주인들은 관련 공방에서 수십 년간 부모와 함께 일을 하며 수공예의 장인이 되었고, 그런 기반이 섬유, 신발, 가구, 식품, 바이올린 등 최고의 수공업 '메이드 인 이탈리아' 산업을 탄생시켰다.

1948년 이탈리아에 좌파 정권이 들어서면서 노동자와 중소기업 간의 동맹을 강화시키고 대기업의 횡포에 대응하는 세력을 육성하기 위해 정책적으로 중소기업을 지원하는 정책을 펼치게 된다. 산업단지를 조성해서 저가로 분양을 해준다든지, 기업 간 협력기구나 서비스 센터를 설치하고 특별 지역법을 만들어 지원하기도 했다. 이때부터 중소기업이 고도의 성장을 구가하게 되고 이탈리아를 산업국가로 만드는 데 중추적인 역할을 하게 된다. 특히 1960년대 고성장에 따라 노사 분규가 심해지면서 기업을 성장시키기보다는 가족들이 같이 공유하는 직업으로서의 역할이 강조되었는데 이런 가족 기업 구조는 중소기업들의 경쟁력을 더욱 강화시켜 주었다. 이탈리아의 강력한 노동법으로 인해 노동의 유연성이 너무 떨어지게 되자, 기업들은 중소 규모의 가족 중심 기업으로 유지 발전을 도모하게 된다. 근로자는 반드시 노동법을 지켜야 했지만 가족은 사업장 주변에 살며 필요할 때는 휴일이나 밤낮 구분 없이 일을 하였고, 민첩성과 유연성을 기반으로 급변하는 시장 환경에 적응하기가 쉬웠다.

제3의 이탈리아

1970년대 중반 '제3의 이탈리아'라는 표현이 등장했다. 이탈리아 사회학자인 바냐스코[A.Bagnasco]가 처음으로 관련 표현을 사용했는데 이탈리아 20개 자치주 중 중북부 지역의 7개 자치주, 즉 롬바르디아, 에밀리아 로마냐, 베네토, 토스카나, 마르케, 아브루쬬, 프리울리베네치아줄리아를 가리키는 말로서 이탈리아 전통 산업에 특화된 소기업들이 디스트레토[Distretto], 즉 클러스터를 형성해 활발한 경제 활동을 장려하고 서로의 포괄적인 협업 및 네트워킹을 형성하여 강력한 산업적 경쟁력을 가지고 경제 성장을 달성한 지역을 말한다.

물론 그 이전부터 중소기업 단지가 있었지만 본격적인 산업 클러스터 단지는 1970년대 본격적으로 형성되었다. 전통 산업 단지 혹은 특정 지역에 동종업계에 종사하는 소규모 공장들이 자연스럽게 모이면서 나타난 현상이다. 다른 나라 중소기업 단지가 정부나 기관에서 공단을 만들어 기업을 모으는 과정을 거친 것에 비해 이탈리아는 자생적으로 클러스터가 형성이 된 것이 특징이다. 동업계끼리 모이면서 정보 교류, 인력 교류가 자연스럽게 이루어지고 서로의 경쟁과 협력을 통해 더 좋은 시너지가 발생하며 발전하게 되었다. 이러한 클러스터를 통하여 중소기업이지만 각 기업은 비용 절감, 가격 균형의 유지, 상품기획의 효율성 도모, 전세계 시장 점유율 확장 등을 이루어내고 있다.

이런 자생적인 단계 이후 이탈리아의 지역별 클러스터는 정부의 적극적인 지원과 지역 기업 상호 간의 협업과 분업으로 이탈리아 경제 및 제조업의 중추가 되었다. 전역에 약 200여 개의 산업 클러스터가 있고 이 중 98.4%가 전직원 50명 이하 규모의 중소기업 형태를 띠고 있다.[16]

이탈리아의 이러한 클러스터는 A4라고 표현하기도 하는데, 패션 관련 클러스터를 의미하는 Abbigliamento-Moda, 기계 관련 클러스터인 Automazione-Meccanica, 가구 관련 클러스터 Arredo-Casa, 식품 관련 클러스터 Alimentare-Agroindustriale-Ittico가 그것이다. 이러한 클러스터들은 각 분야에서 '메이드 인 이탈리아'의 위상을 높이는 데 큰 영향을 미치고 있다.

이러한 클러스터들은 디스트레토라고 불리고 각 특화 지구마다 노

---

16 Oservatorio Nazionale Dei Distretti Italiani, 2012

동조합, 기술학교 등을 갖추어 체계적인 형태로 전문성을 강화하는 노력을 기울이고 있다.

한편 가죽 제품을 포함하여 약 30% 이상이 섬유 패션 관련 클러스터인데 이탈리아 전역에 분포하고 있다.

한국은 특히 대기업 중심으로 발전된 사업 구조여서 개인뿐만 아니라 기업의 양극화도 심해지고 있다. 중소기업, 개인기업들이 글로벌화되는 시장 환경에서 특히 어려움을 많이 겪고 있는데, 이런 이탈리아의 클러스터나 협동조합 등의 발전 모델로부터 많은 부분을 배워 볼 수 있을 것 같다. 강제적인 대기업 규제방식으로 접근하는 것보다는 중소기업을 활성화시키는 이탈리아의 클러스터 발전 모델은 우리나라 중소기업 정책에 중요하게 활용될 수 있지 않을까 생각한다.

밀라노 디자인 클러스터

패션과 가구 디자인 행사가 가장 많은 밀라노는 자연스럽게 디자인 관련 클러스터가 형성되었다. 1906년 이탈리아 최초의 패션 관련 전시회가 열린 장소 역시 밀라노이니 이러한 클러스터가 발달하기에 최적의 장소이기도 하겠다.

밀라노를 중심으로 한 디자인 클러스터는 1970~80년에 처음으로 시작되었는데, 이는 코모를 중심으로 한 실크 관련 클러스터Serico Comasco, 베르가모의 섬유 클러스터Valseriana, 레체의 섬유 클러스터Lecchese Tessile 등과의 지리적인 근접성과도 밀접한 관계가 있다.

1970년대를 시작으로 피렌체에서 컬렉션을 선보이던 알비니, 미쏘니, 크리찌아, 켄 스콧 등이 밀라노에서 컬렉션을 선보이게 되며 차츰 밀라노는 프레타 포르테Ready to wear, Prét à Porter의 선구자로 자리를 잡게 된다.

아르마니, 베르사체, 모스키노를 비롯한 주요 이탈리아 패션하우스들이 밀라노에 자리를 잡기 시작하였고 1979년 밀라노 패션위크인 '라 세띠마나 델라 모다 밀라네제La Settimana della Moda Milanese'가 공식적으로 시작되었다.

이렇게 밀라노가 이탈리아 패션 디자인의 중심으로 서게 된 것 역시 디자인 클러스터의 역할이 크다고 할 수 있다. 특히 다이아몬드와 같은 구조로 생긴 밀라노 디자인 클러스터는 정부, 미디어, 학교, 기업 간의 협력으로 인하여 최고의 성과를 거두고 있다. 비영리기관인 이탈리아 패션협회Camera della Moda, 롬바르디아 주정부의 패션 스타트업 재정 지원, 다른 나라 도시와 패션 관련 산업에 대한 적극적인 조약 체결 등 정부 차원에서의 지원은 밀라노가 디자인 도시로 자리 잡을 수 있도록 해주었고, 잡지, 방송, 프레스 오피스, 인쇄, 출판사 등이 밀라노에 모두 집중되어 있는 형태는 미디어를 효과적으로 이용할 수 있게 하였다. 또한 마랑고니Marangoni, 이에드IED 등을 포함한 다양한 패션 스쿨은 새로운 인재를 양성하고 신속히 노동력을 공급할 수 있게 도움을 주었다.

현재 밀라노에 디자인 본사를 두고 있는 이탈리아 브랜드는 프라다, 미쏘니, 아르마니, 트루사디, 디스퀘어드, 닐 바렛 등 수도 없이 많으며 구찌, 페라가모와 같이 디자인실이 밀라노에 있지 않더라도 패션쇼는 밀라노에서 개최하는 브랜드 또한 쉽게 찾아볼 수 있다.

페라가모의 컬렉션

TIP 밀라노

　밀라노는 이탈리아 북서부에 위치한 롬바르디아 주에 속하며 이탈리아 최대 공업도시로 이탈리아의 경제 수도이자 알프스를 넘어 가는 도로가 집중하는 교통의 요충지다. 밀라노 시의 인구는 약 130만 명이고 밀라노 인근 위성도시를 포함하는 밀라노 프로빈차는 4백만 정도이다. 인구의 13%가 외국인으로 이루어진 국제적인 도시이다. *

　밀라노는 1861년 롬바르디아 평야의 풍부한 농산물과 구릉지대에서 생산되는 생사(生絲)를 경제 기반으로 상업도시로 발전했는데, 1870년~1920년 면방직·고무·전력·기계·제철·자동차 등의 공업이 발전하여 이탈리아 제1의 공업도시가 되었다. 현재는 기계·제철·화학·약품·석유화학·고무·전기·섬유 등 다양한 공업 활동이 전개되고 있다.

---

* Comune di Milano 2013년 통계 자료

토리노에 있는 피아트사를 제외하면 이탈리아 대기업의 대부분이 밀라노에 본사가 있으며 이탈리아 전체 주식회사 자본금의 약 40%가 이 지역에 집중되어 있다. 그래서 밀라노는 이탈리아의 경제 수도라고 불린다. 1861년에 24만 명에 불과하던 인구는 1973년에는 최고 174만 5,220명을 기록한 후, 현재는 감소 추세를 보이고 있다.

밀라노의 역사는 타민족에 의한 지배의 역사이다. 밀라노의 기원은 BC 5세기에 트루리아인이 세운 도시로 거슬러 올라가지만 이후 1,500년이 넘게 이민족에 의한 지배가 반복되었다. BC 4세기의 갈리아인, BC 3세기에 로마인, AD 5세기에 고트족, 6세기에 롱고바르드족, 9세기에는 프랑코족 등이 밀라노를 점령하였다. 밀라노가 자치국가로 발을 내딛기 시작한 것은 밀라노 대주교의 힘이 강해진 11세기 무렵의 일이며 이후 급속히 세력을 확대하여 12세기에는 신성로마제국의 침공도 격퇴시킨 적이 있다. 두오모와 스포르체스코 성 등 주요 관광 명소가 같은 시기에 건립되었고, 다빈치의 '최후의 만찬'도 이때 탄생하였다.

16세기 이후에는 다시 이민족의 지배를 받게 되어 약 200년에 걸쳐 스페인과 오스트리아, 프랑스 등에 점령된 바 있으며, 19세기 중엽 독립운동을 통해 자치권을 회복하고 1861년에 통일된 이탈리아 왕국에 합병이 되었다.

주요 명소로는 15세기 중엽 프란체스코 스포르체스코(Francesco Sforzesco)에 의해 건축된 스포르체스코 성이 있는데, 이곳에는 기원전 고미술품부터 고대 로마, 중세, 르네상스 시대까지의 작품이 전시되어 있다. 최고 걸작은 미켈란젤로의 미완성 조각 작품인 론다니니의 피에타 대리석상과 레오나르도 다빈치와 도나토 브라만테의 프레스코 화법의 천장벽화 작품이다.

밀라노 두오모는 1386년 밀라노 영주 잔 갈레아초 비스콘티(Gian Galeazzo Visconti)에 의해 시작되어 450여 년 후인 1887년에 완공된 전세계 최대의 고딕양식 건축물이다. 길이 158m, 너비 93m, 높이 109m, 총면적 3,500평이며 3,159개의 조각상과 150여 개의 거대한 첨탑으로 구성되어 있다. 밀라노 대성당은 전세계에서 다섯 번째로 큰 성당이며 이탈리아에서는 가장 큰 성당이다.[*]

그리고 브라만테(Bramante)가 설계하고 1465~1490년에 걸쳐 건립된 르네상스 양식의 산타마리아 델레 그라지에 성당 식당 안에 다빈치가 1495~1497년에 심혈을 기울여 만든 걸작인 '최후의 만찬' 벽화가 있다.

---

[*] 세계에서 가장 큰 성당은 바티칸 공화국의 바티칸 성당으로 규모가 밀라노 대성당의 약 3배에 달한다.

페르모 가죽 신발 클러스터

이탈리아 중부 마르케^{Marche} 주의 페르모와 마체라타 지역을 아우르는 이 신발 전문 클러스터는 이탈리아에서 관련 업종기업이 가장 많은 곳이기도 하다. 남성화, 여성화, 아동화 생산과 함께 신발에 사용되는 부자재 역시 대부분 이 지역에서 생산된다. 로저 비비에, 호간, 토즈 등의 브랜드가 모두 이곳에서 신발을 생산하며, 전세계 최고급 신발 제품의 85%가 생산되는 곳이다. 2,700여 업체가 있으며 3만 7천여 명이 일하고 있다.

이 지역에 고급 신발 생산이 집약화되기 시작한 것은 제2차 세계대전 이후로, 이미 자리 잡고 있던 신발 장인들과 함께 신발 관련 산업과 인력이 모여들면서 집약적인 노동 형태를 이루게 되었다. 70년대에 국내, 국외시장의 수요가 급증하며 페르모 지역은 최고 부흥기를 누리게 된다. 90년대에는 다른 이탈리아 패션 산업들처럼 가격 경쟁에서 중국 혹은 동유럽 국가들에게 위협을 받아 업체가 반으로 줄었지만 여전히 매출은 성장하고 있으며 의류나 다른 산업에 비해 여전히 강력한 경쟁력을 보유하고 있다.

몬테벨루나 산악용, 기능성 신발 클러스터

베네토 주의 작은 산악 지방인 몬테벨루나에 위치한 특화지구 몬테벨루나 스포르트 시스템^{Montebelluna Sport System}은 전세계 최고 수준의 스포츠 관련 용품을 생산하는 곳으로 산악용, 기능성 신발의 생산으로 유명하다. 이 특화지구의 가장 큰 특징은 소규모의 기업이나 공장이 대부분임에도 불구하고 모두 국제적인 브랜드를 주 고객으로 보유하고 있다는 점이다. 이 지역에서는 글로벌 브랜드, 다양한 규모의 외부기업과의 꾸준한 협력, 끊임없는 기술 개발, 노하우 전수 등으로 기능성 신발의 원스톱 소싱이 가능하다.

몬테벨루나 지역에는 19세기부터 스포츠 신발을 생산하는 장인들이 모여 있었다. 기록을 살펴보면 1800년대 초, 10여 명의 산악용 신발 장인들에 의하여 특화지구가 시작되었고, 50년대 유명 산악인들이 이 지역에서 생산된 등산화를 신고 세계 최고봉의 정상에 오르면서 몬테벨루나 지역의 신발이 유명해졌다. 70년대에 스키화, 80년대에는 트래킹화 등이 집중적으로 개발되었고, 이후 몬테벨루나 지역의 스포츠화 및 기능성 신발 생산은 끊임없는 성장을 지속하고 있다. 이 지역에서는 1,800여 업체에 1만 5천여 명이 일하고 있다.

이탈리아의 유명한 등산화 브랜드인 라스포르티바La Sportiva는 본사와 자체 공장이 트렌토 주의 지아노에 있지만 몬테벨루나 지역에 제2공장을 운영하고 있다. 대부분 이탈리아의 고기능성 신발업체들은 트렌드 정보, 원부자재 소싱이나 신기술 정보, 인력 교류 등을 빠르게 접하기 위해 몬테벨루나 지역에 별도의 샘플 공장이나 연구소, 사무소 등을 운영하고 있다.

토스카나 가죽 클러스터

토스카나 주의 가죽 관련 클러스터는 이탈리아 전체 클러스터 중

구찌의 컬렉션

가장 큰 규모의 생산 클러스터로 5개 이상의 가죽, 제화 관련 클러스터로 이루어져 있다. 이탈리아 전역의 패션 관련 클러스터 중 수출 실적이 돋보이는 곳이기도 하다.[17]

이 지역의 클러스터는 구찌가 1921년 처음으로 가죽 액세서리와 승마용품을 만들던 시기에 시작되었다. 그의 작업장에는 가죽을 자르는 장인, 꿰매는 장인, 다듬는 장인 등 각각의 분야에 정통한 사람들이 일하였고, 이 장인들의 능력이 모여서 만들어진 구찌의 제품은 고객 한 명 한 명에 맞춤 형식으로 최고의 가죽용품으로 판매될 수 있었다. 그 후 90년이 지난 지금까지도 피렌체와 피렌체 근교에 2,500개의 가죽 전문업체가 존재하며 이들은 최고의 가방, 지갑, 가죽 액세서리 등을 만들어 낸다. 불가리, 프라다, 구찌 등의 이탈리아 브랜드뿐 아니라 샤넬, 크리스챤 디올, 루이비통 등 프랑스 최고급 브랜드들 역시 가죽 관련 상품을 생산할 경우 어김없이 피렌체를 찾는다.

토스카나 가죽 관련 클러스터의 2013년 수출액은 27억 7,880만 유

---

17 Intesa Sanpaolo, 2014년 6월 발표 자료에 의하면 토스카나 지역의 클러스터들은 전년 동시기 대비 수출이 9% 정도 성장하였다. 이탈리아 전 지역의 평균적인 클러스터 수출 성장률은 약 6% 정도이다.

로에 달하고, 자유 무역 체결 이후, 한국 역시 중요한 수출국으로 자리매김하고 있다.[18]

토스카나 지방의 가죽과 신발 전문 클러스터 중 가장 중요한 두 클러스터는 발다르노 수페리오레Valdarno Superiore와 산타 크로체 술아르노Santa Croce Sull'Arno로, 발드라노 수페리오레는 피렌체를 중심으로 한 작은 도시들Bucine, Castelfranco, Cavriglia, loro Ciuffenna, Montevarchi, Pian di Sco, San Giovanni Valdarno, Terranuova Bracciolini, Figline, Incisa, Reggello, Rignano에 분포되어 있는 업체들을 통칭한다. 2012년 기준으로 총 7,400백여 개의 공방 혹은 기업이 모여 있으며, 3만 4천여 명이 근무하고 있다.[19] 구찌, 프라다, 페라가모, 샤넬, 펜디, 루이비통, 디올, 셀린이 주요 고객이다.

산타 크로체 술아르노는 가공된 가죽 제품과 신발, 특히 가죽 밑창을 전문으로 제작하는 클러스터로 이탈리아 가죽 밑창 생산의 98%, 유럽 전체 가죽 밑창의 70%가 이 지역에서 생산된다. 이 지역은 원피를 가공하는 공방 또한 유명하며 각각 전문화된 가죽 제품 대부분의 분야가 모여 있어 큰 시너지 효과를 내고 있다. 이 클러스터에는 2012년 기준 3만 7천여 명이 총 8,780여 개 기업 혹은 공방에서 근무하고 있다.

18 Monitor dei Distretti Toscani, 2014

19 Osservatorio Nazionale Distretti Italiani, 2012

TIP 피렌체

피렌체는 이탈리아 중부 토스카나 지방의 주도이며 인구는 약 46만 명, 도시 면적은 102km²로 '꽃의 도시'라 불리며 영어로는 '플로렌스'로 표기한다.

피렌체는 신흥공업도시로 부상하고 있으며 지리적으로 이탈리아 교통의 요시이기도 하다. 관광업이 시 경제활동의 기반을 이루며, 전통적인 수공예품인 유리 제품과 도자기, 귀금속, 예술 복제품, 가죽 제품, 고급 의류와 구두 등의 제조업도 활발한 곳이다.

또한 피렌체에는 이탈리아의 명문대학과 학술기관 및 연구기관이 많이 소재해 이탈리아에서는 문화의 수도로 불리고 있다. 로마에서 북서쪽으로 약 230km 떨어져 있는 피렌체는 공화국, 토스카나 공작령의 수도, 이탈리아의 수도(1865~71) 등 다양한 지위를 누리며 긴 역사를 이어 왔다. BC 1세기경 로마의 군사 식민지에서 비롯된 곳으로 14~16세기에는 예술을 비롯하여 상업·금융·학문 등의 분야에서 높은 위치에 있었으며, 르네상스의 발상지로 13세기부터 15세기에 이르는 예술작품이 지금도 많이 남아 있다. 피렌체 문화를 만들었다 해도 과언이 아닌 메디치가는 르네상스 시대에 미켈란젤로와 라파엘로를 후원하였으며, 1737년 몰락할 때까지 수많은 예술가를 후원해 르네상스를 찬란하게 꽃피운 대표적인 집안이다. 이들이 없었다면 지금의 피렌체는 분명 존재하지 않았을 것이다.

1296년 착공을 시작하여 1446년에 완공된 두오모 성당은 피렌체의 상징물로 '꽃의 산타 마리아'라는 별칭을 가지고 있다. 106m 높이의 쿠폴라돔 꼭대기까지는 463개의 계단을 통해 올라갈 수 있으며 옥상에서는 피렌체 시내가 한눈에 보인다. 녹색, 흰색, 분홍색의 3색 대리석으로 만들어진 외관은 장엄하면서도 기하학적인 화려함과 아름다움을 선보이며 3만 명의 사람이 모일 수 있을 정도로 규모 면에서도 엄청나다.

성당 남쪽 문의 팀퍼넘(문 위의 삼각형 부위)에는 '수태고지'가, 성당의 내부 천장에는 미켈란젤로의 '최후의 심판'이 그려져 있고 제단 왼쪽에는 미완의 대작 '피에타'가 있다.

두오모 성당 바로 남쪽에 있는 종탑은 높이 82m, 414개의 계단으로 이루어져 있다. 이 탑에 오르면 성당과 도시의 전경을 내려다볼 수 있다. 두오모와 같이 세가지 색의 대리석으로 만들어진 이 탑은 화가인 죠또가 설계하여, 1334년 착공되었고 그가 죽은 후 제자 피사노에 의해 1359년 완공되었다.

폰테 베끼오는 피렌체 아르노 강 위에 세워진 다리 중 가장 오래된 다리로 1345

년 죠또의 제자 구티에가 만들었다. 이 다리는 과거 우피치 궁전과 피티 궁전을 연결하는 복도 역할을 했으며 2층 구조로 되어 있어 위층은 귀족과 부자들이 아래층은 서민이 사용했다고 한다.

우피치 미술관은 유럽 3대 미술관 중 하나로 르네상스 시대의 유명한 예술품 2,500여 점을 전시하고 있다. 1574년 완공된 우피치 미술관은 처음에는 메디치가의 사무실로 쓰였으나 후에 메디치가가 2세기에 걸쳐 수집한 미술품과 함께 1737년 토스카나 공국에 기증하였다. 이곳에 전시된 유명 작품으로는 보티첼리의 '봄'과 '비너스의 탄생', 레오나르도 다빈치의 '수태고지', 미켈란젤로의 '성가족', 라파엘로의 '히와의 성모' 등이 있다.

피렌체 시가지를 가장 아름다운 구조로 볼 수 있는 미켈란젤로 광장 중앙에는 미켈란젤로의 '다비드' 상의 복제품이 서 있다.

비엘라 모직물 클러스터

비엘라는 밀라노에서 서쪽으로 약 100km 정도 떨어진 곳에 위치한 알프스의 계곡으로 풍부한 목초지와 수자원으로 인해 오래전부터 직물 산업이 발달했던 모직물 특화 지역이다.

비엘라의 역사는 2,500여 년 전으로 거슬러 올라가는데, 이 시대에 원단의 제직과 관련된 도구의 흔적들이 발견되기도 했으며, 로마시대의 사료에도 비엘라 지역의 오래된 직물 역사를 증명해 주는 문구들이 표현되어 있다. 특히 오래전부터 비엘라의 발레모쏘 지역에는 직물 전문가들이 많이 모여 살았다고 한다. 1700년대 중반에는 70여 개의 공장에서 5천여 명의 작업자가 직물 관련 일을 했었으며 이때부터 점차적인 산업화의 과정을 밟아 왔다. 1831년 피에트로 셀라^{Pietro}

Sella에 의해 벨기에로부터 섬유 설비가 비엘라 발레모쏘 지역으로 도입된 것을 시작으로 비약적인 성장을 해왔다. 이 지역 직물업체들은 최근 2001년과 2009년 두 번의 큰 구조 조정을 겪기도 했는데, 대기업과 가족기업 형태의 소기업들이 분업화와 유연성 있는 생산 시스템을 구축해 나감으로써 세계시장을 이끌어 나가는 최고급 신사복지 생산지로 자리 잡았다.[20]

이 지역은 특히 분업화가 잘 이루어져 있다. 원단을 생산하기 위해서는 다양한 공정이 필요한데, 상품 차별화를 위한 핵심 공정을 제외한 여러 공정을 협력업체와 함께 진행하기도 한다. 예를 들면 원단을 제직하기 위해 빔에 경사를 감아 준비하는 과정을 대행해 주는 업체, 원단 생산 후 이물질을 제거하는 정포 및 수선을 대행해 주는 검사 업체도 있다. 이 지역에는 특히 관련 후방 산업인 방적업체, 염색 가공업체, 그리고 섬유 기계업체까지 함께 자리 잡고 있어 최고의 산업 집적도를 보이고 있다. 특히 비엘라의 기계 산업은 이탈리아 기계 산업의 10% 정도 비중을 차지하고 있다. 이 지역에는 1,200여 기업에서 18,000여 명이 일하고 있다.

또한 산업인력을 양성하는 학교와 직업훈련원이 잘 발달되어 있고, 관련 조합에서는 연구개발이나 기술이전 등을 위한 여러 가지 인프라를 구축함과 동시에 지역의 하청 및 중소기업을 위한 지원 센터를 운영하고 있다.

이데아 비엘라는 비엘라의 60여 고급 모직물 업체가 자신들의 고

---

20 Osservabiella, 2014년 8월 자료

객을 초청하여 1년에 두 차례 코모 호수에 있는 제르뇹비오의 빌라 에르바에서 열던 전시회다. 코모의 최고급 호텔인 빌라 데스테에서 중식을 제공하고, 기념 선물로 고급 손수건을 주고 마지막 날은 간단한 술과 음식으로 파티도 열던 전세계 최고급 전시회였다. 그러나 소규모 전문 전시회의 한계, 파리 프레미에르 비종 전시회와의 경쟁 상황 등을 고려하여 2005년 다른 전시회인 모다 인, 셔트 애비뉴, 이데아 코모, 프라토 엑스포 등과 연합하여 밀라노 우니카를 만들었으며, 동일한 콘셉트로 이데아 비엘라라는 이름을 유지하며 전시회를 하고 있다. 최근에는 경쟁력 강화를 위해 영국 원단업체 일부도 이데아 비엘라에 참가하고 있다.

프라토 직물 클러스터

르네상스의 수도인 피렌체에서 25km 떨어진 프라토는 토스카나 주에서 피렌체 뒤를 잇는 두 번째로 큰 도시이다. 프라토의 직물 클러스터는 12개의 코무네_{우리나라의 동 단위 개념}로 구성되어 있는데, 이는 프라토의 프라노, 칸타갈로, 카르미냐노, 몬테무로로, 포쬬 아 카이아노, 바이아노, 베미오 그리고 피스톨라의 알리아나, 몬칼레, 쾌에라타, 피렌체의 카덴자노, 캄피 비센지오에 걸친 큰 규모이다. 이 지역에는 직물 클러스터뿐만 아니라, 중소 의류 클러스터, 중국인 공장들이 혼재되어 있다.

프라토는 12세기부터 원단 생산으로 유명한 곳이었으며 유럽 최대의 모직물 산지이기도 하다. 19세기부터 본격적인 대량 직물 생산체계를 갖추기 시작한 프라토는 제2차 세계대전 중 군복 납품으로 성황을 누렸으며, 이후 국가적인 지원과 지역적인 산업 특성이 잘 조화되어 관련 산업인 모방 산업과 지원 산업인 섬유 기계 산업이 함께 갖추어진 직물 생산 단지가 되었다. 전체의 20% 수준을 차지하는 의류 재활용 초저가 방모 원단 생산은 이 지역 특화 제품 중 하나였다. 주로 저가격의 방모 제품을 생산해 오던 프라토 지역은 80년대 방모 제품의 소비 감소 및 저임금 국가와의 경쟁으로 30% 이상의 기업이 폐업을 하고 고용도 감소하는 큰 어려움을 겪게 된다. 그런 와중에 생존한 업체들은 과감한 개혁과 적극적인 설비 투자를 진행하며 새롭고 감각적인 디자인의 팬시 얀Fancy Yarn 제품 및 다양한 섬유 혼방직물 제품을 다품종 소량 생산 시스템으로 생산하며 위기를 극복하였다.

프라토 지역은 그 지역 내 관련 산업과 지원 산업이 밀집해 있어 서비스 네트워크 체제가 가장 잘 갖추어져 있는 곳 중 하나이다. 동종기업 간의 협력 및 경쟁을 통해 상호 상승 작용을 일으키는데, 새로운 기술을 위한 공동 연구, 중앙 정화장치 설치, 원자재 및 서비스의 공동구매, 공동 물류창고 운영, 지방정부와의 협력 등을 생산자 협회를 통해 공동으로 수행해 나가고 있다. 자료에 따르면 프라토의 직물, 의류 클러스터Distretto Del Tessile-Abbigliamento di Prato로 지정된 업체는 총 11,633개이며 44,052명이 근무하고 있다.[21]

---

21 Unioncamere-Osservatorio sui bilanci delle società di capitale

TIP 중국인이 만드는 메이드 인 이탈리아

프라토는 수천 개의 중소 규모 원단업체가 모여 전세계 패션 브랜드나 회사에 주로 중가 원단을 공급하는 곳이었다. 1980년대부터 상승하는 인건비를 견디지 못한 공장들이 중국인을 채용하기 시작하면서 1990년대 후반까지 수천 명의 중국인이 프라토로 이주해 오게 되었다. 이탈리아 사람들에게는 찾아보기 어려운 부지런함과 저임금 때문에 중국인 근로자를 더욱 선호하게 되었고, 기하급수적으로 중국인이 늘어나게 되었다. 아무리 납기가 급한 오더라도 밤을 새워 작업을 하여 납기를 맞춰 주는 등 엄청난 속도와 효율로 생산성을 올리는 중국인들은 점점 세월이 지나면서 본인들의 사업을 운영하기 시작했으며, 프라토 봉제업의 중심으로 자리 잡기 시작했다. 시간이 지날수록 이탈리아인이 정상적으로 운영하는 공장은 경쟁력을 잃어 가는 반면, 중국인이 운영하는 사업체들은 적절한 탈법과 불법 노동을 해 가며 지역 공장이나 상권의 주도권을 잡기 시작했고, 지금은 4,000여 개의 중국인 회사가 운영되고 있다. 공식적으로 프라토에 등록된 중국인은 1만 2천 명이지만 불법 이민자들을 합할 경우 4만여 명의 중국인이 살고 있을 것으로 추정한다. 18만 명의 프라토 시민의 25%가 중국 사람인 셈이다. 이탈리아에 수입되는 중국 원단의 30%는 프라토에서 소비되고 있으며, 이들은 상상할 수 없는 저가의 '메이드 인 이탈리아' 제품을 생산, 판매한다. 예를 들면 여성 코튼 블라우스 판매가가 5유로 전후 수준이다. 이들은 보통 수천 장짜리 오더는 2~3일이면 납품을 할 수 있는 구조를 갖추고 있다. 한국의 동대문 시장과 유사한 구조로 움직이며 이탈리아 도매시장(Pronto Moda System)의 주요 공급원이 되었다. 이들의 주거래선은 중국업체들이지만 초대형 패스트 패션업체들도 이들의 주요 고객이다. 이탈리아 업체인 피아짜 이탈리아, 글로벌 업체인 Zara, Mango, H&M, 영국 업체인 Topshop, Primark 등 대부분의 SPA 회사와도 거래하고 있다.

심하게 표현하면 이들의 경쟁력의 원천은 불법 이민자를 활용한 불법 노동이다. 정상 영업을 하는 업체들은 보통 소규모(5~7명)의 하청업체 5~6개 정도를 두고 일을 하는데, 불법 노동이 일어나는 곳은 대부분 이들 소규모의 하청업체들이다. 밤샘 근무, 창문 없는 작업장, 10시간 넘게 이어지는 불법 노동, 그리고 탈세…… 그러나 아무리 단속을 해도 의미가 없다. 불법 이민자는 단속이 되면 5일 이내에 이탈리아를 떠나게 되어 있지만 그들이 떠났다는 증거를 찾기는 어렵기 때문이다. 이런 형태로 일을 하므로 프라토에 있는 약 60%의 중국 기업이 세무 단속을 피해 2년마다 사업자 명의를 바꾸고 있다. 불법 조업으로 단속을 하여 공장을 폐쇄하면 다음날 바로 다른 건물에서 생산을 재개한다. 이탈리아 법이나 인력, 단속 시스템이 따라잡을 수가 없는 상황이다. 정상적인 '메이드 인 이탈리아'의 이미지를 망친다고 신문이나 방송 등에서 지속적으로 고발 프로그램을 내보내고 기사를 내보지만 이탈리아 정부나 경찰에서도 뾰족한 대책이 없는 상황이다.

한편에서는 중국인들의 투자 자금이 프라토의 경제 한 부분을 활성화시키는 순기능도 있다고 생각하지만, 이런 형태의 불법 노동이나 공장 운영을 계속 방치할 수도 없는 것이 이탈리아의 고민이다.

코모 실크 클러스터

밀라노에서 북쪽으로 약 40km 거리에 위치한 코모는 인구 약 9만 명이며 도시와 코모 호수를 산맥이 둘러싸고 있는 자연 속의 도시다. 코모 호수는 주위의 아름다운 자연 경관과 호숫가의 멋있는 저택들로 유명하며 조지 클루니를 비롯한 유명인들의 별장이 많고, 전지를 발명한 알렉산드로 볼타의 고향이기도 하다.

코모라는 이름은 중세 유럽 전역을 돌아다니며 롬바르디아 양식을 퍼뜨렸던 석공·건축가·장식가들의 길드 명칭인 마에스트리 코마치니코모의 대가들에서 일부를 따온 것이라 한다. 아름다운 호반도시 코모와 그 인근 지역은 이탈리아 최대의 실크 전문 생산지이다. 16세기경부터 양잠업과 실크직물의 산지로 발전해 왔는데, 2012년 이탈리아 클러스트 공식 자료 기준으로 1천여 개 업체에서 13,600여 명이 일하고 있다. 실크 소재를 중심으로 한 프린트, 염색, 가공 기술이 발달해 전세계 최대 실크 산지로 주요 생산 제품은 여성복지, 넥타이, 스카

아름다운 자연 경관을 자랑하는 코모

프용 실크 나염직물, 안감, 프린트 생지 등이다.

세리코 코마스코Serico Comasco라는 코모 지역의 실크업체들은 원단부터 완제품까지 일괄 생산 시스템을 갖고 있는 만테로, 카네파, 라티 같은 대기업들과 연사, 제직, 프린트, 스크린 제조, 가공 등의 세부 제조 공정을 담당하는 중소기업 및 영세기업 형태가 공존하고 있으며, 시장 트렌드 파악, 상품기획, 마케팅 등 오거나이저 역할을 담당히는 컨버디의 분조로 이루어져 있다.

또한 이탈리아 실크협회, 텍스타일 센터, 전시회장Villa Erba, 국립 섬유기술학교, 수출조합, 국립견직물연구소 및 기술고등학교 등의 섬유 관련 기관과 학교 등이 코모 지역의 견직물 발전에 밑바탕이 되고 있다.

19세기 후반 이탈리아의 최대 수출품이었던 생사 산업이 모두 중국을 비롯한 극동 지역으로 옮겨짐에 따라 생사 및 견사, 실크 생지는 주로 수입에 의존하고 있고, 수입된 원사 및 생지를 가공, 고부가 가치의 최고급 원단이나 완제품을 생산 판매하고 있다. 2000년대 초반부터 현저하게 생산량과 매출이 줄어들었지만, 공식 조사 자료에 따르면 2013년부터는 조금씩 회복세를 보이고 있으며, 2014년 상반기에는 6% 이상의 매출이 상승하였다. 현재 이탈리아 실크 생산의 90%가 코모 지역에서 생산되고 있으며 그 대부분이 수출되고 있다.

카르피 니트 클러스터

에밀리아 로마냐 주의 볼로냐와 파르마의 중간에 위치한 니트 전문 생산 특화 지역인 카르피는 1950년대 나무 껍질을 엮어 모자를 생산하던 숙련공들이 많았던 카르피 지역을 중심으로 몇몇 니트웨어 전문업체의 창업으로 특화 지구로 거듭났다.

1960년대 말부터 극동지역 국가들이 저가 제품 중심으로 시장을 공략해 경쟁이 치열해지자 새로운 시장과 고객 확보를 위한 마케팅 뿐만 아니라 근본적인 생산방식의 전환이 필요하게 되었다. 이에 따라 직기 및 직조 기술, 소재에 대한 꾸준한 개선 활동과 다품종 소량 생산체제, 공정별 하청 및 협력 등으로 생산체제를 변화시켜 나갔다.

2000년 이후 개발도상국의 위협과 시장의 불확실성으로 지역 생산은 더욱 위축되었다. 생존을 위해 생산 구조를 더 유연하게 만들어 기업들 간의 분업화가 더욱 활발해지고 베네토, 마르케, 만토바 지역 등으로 생산 거점이 이동, 확대됨으로써 현재는 니트 의류 생산거점보다는 트렌드, 디자인, 기술 개발의 중심지 및 전략 수립 본부로서 자리매김하고 있다.

TIP 발사믹 식초

한국에서도 이제는 쉽게 찾아볼 수 있는 이탈리아의 발사믹 식초는 우연히 개발된 식품이다. 유래는 모데나 지방에 살던 어느 농부가 포도원액이 든 오크통을 분실했다가 몇 년 만에 찾았는데, 그 통에서 포도원액이 아주 맛있는 식초로 변해 있었다고 한다.

발사믹 식초는 에밀리아 로마냐 주의 모데나에서만 생산이 되는데, 똑같이 아체토 발사미코라 말하지만 대량 생산되는 인두스트리알레와 전통방식으로 소량 생산되는 트라디지오날레 두 가지로 구분이 된다. 인두스트리알레는 우리가 보통 식당이나 일상에서 자주 접하는 것으로 포도원액에 와인식초를 섞어서 만드는 것이고, 트라디지오날레 제품은 최고급 향료에 가까운 것으로 포도원액을 발효시킨 후 오랫동안 숙성을 시켜서 만든다.

우리가 통상 식당에서 자주 먹는 발사믹 식초는 포도를 수확해서 70℃ 정도로 끓여 포도원액인 모스토를 만든 후 와인식초를 섞어 만든다. 바로 출시하거나 6개월에서 1년 정도 숙성을 시켜서 판매하는데, 제조사와 제조방식에 따라 다르지만 이 제품은 일반 슈퍼에서 보통 5유로 전후로 판매된다.

그러나 아체토 발사미코 트라디지오날레(Aceto Balsamico Tradizionale)는 모스토를 발효시킨 후 최소 12년에서 25년까지 숙성을 시켜서 만들어 낸다. 트라디지오날레를 만드는 공장을 가본 적이 있는데, 만드는 방식은 시원한 그늘진 보관 창고에서 12개의 각각 사이즈가 다른 오크통에 모스토를 가득 채워서 보관을 한다. 1년이 지날 때마다 숙성이 되면서 각 통에서 보통 10% 정도의 수분이 증발이 되

솔로프라 의류용 가죽 가공 클러스터

나폴리에서 동쪽으로 70km가량 떨어진 곳에 위치한 솔로프라 지
역은 이탈리아의 의류용 가죽 가공 전문 특화 지역이다. 로마시대부
터 이어져 온 이 지역의 가죽 가공 산업은 주변에 가죽 염색에 필요
한 타닌의 공급원인 목초지와 산림이 발달되어 있고 가죽 건조에 필
요한 충분한 일조량과 바람 등 가죽 가공에 좋은 자연 조건을 갖추
고 있다. 그리고 살레르노 항구에서 가까이 위치하고 있어 원료의 수
급 및 완제품의 출하가 쉽다는 지역적인 이점을 갖고 꾸준한 발전을
이루어 왔다. 이 지역의 가죽 가공 산업은 상당히 역사가 긴데, 16세
기에 벌써 50여 개의 가죽 가공업체가 사업을 영위하고 있었다고 전
해진다. 1980년대부터 혁신된 생산 시스템으로 기존 제품이나 경쟁
제품과 차별화된 가죽 원단을 생산하기 시작하며 명성을 얻었고, 다

양한 색상의 부드러운 스웨이드 가죽을 개발해 전세계 시장에서 상당한 호평을 받았다.

대부분 대를 이어 내려온 가족기업들로서 장인정신을 바탕으로 계속적으로 새로운 가죽 가공법을 개발하여 다른 지역과 제품 차별화를 이어가고 있다. 이러한 기술 개발로 이탈리아에서는 피렌체의 산타 크로체 술아르노와 함께 가죽 가공으로는 가장 유명한 지역으로 자리 잡았다. 2012년 기준으로 총 3,521명이 1,087개의 공방 혹은 기업에서 일하고 있는데, 다른 지역보다 50명 이하의 영세기업이 많은 편으로 절반 이상이 소규모의 공방 형태이다.

이 지역의 가죽업체 중에 악명을 떨치고 있는 곳이 꽤 많은데, 가죽은 일반 원단처럼 제직하는 것이 아니고 동물 가죽을 벗겨서 이용하는 것이므로 상처나 긁힘 등 원피가 많이 불규칙한 편이다. 가공 및 염색이 끝나면 검사를 하게 되는데, 이들의 자체적인 검사 기준이 국제 기준에 맞지 않아 클레임이 자주 발생한다. 그래서 대부분 가죽 의류를 취급하는 공장들은 가공이 끝나면 직접 출장을 와서 하나하나 도장을 찍어 가며 검사를 한 후 원피를 납품 받는다. 그러나 어떤 업체에서는 검사원 퇴근 후 자신들이 밤새 검사 도장을 마구 찍어 물건을 바꿔 보내는 사례도 있었으므로 거래 시 주의해야 한다. 가죽은 워낙 원피가 고가이므로 가격에 민감하지만 절대 가격만 보고 거래해서는 안 되는 아이템이다.

부록

I. 이탈리아 섬유 패션 산업

　이탈리아 섬유 패션 산업은 글로벌 리더로서의 브랜드 수출뿐만 아니라 제조 각 분야의 원사, 직물, 의류, 잡화, 섬유 기계 산업 등의 밀접한 협력을 통한 시너지로 세계 최고의 국제 경쟁력을 갖추고 있다. 이탈리아 섬유 패션 산업은 세계 3대 컬렉션을 이끌어 가는 선진 패션 국가로서 위상에 걸맞게 패션 의류의 수출이 가장 많고 또한 지속적으로 성장하고 있지만 가죽 잡화, 직물, 니트 분야의 경우에도 교역 수지에서 큰 흑자를 기록하고 있다. 반면 원사 부분의 수출은 의류나 직물 부분에 비해 상대적으로 그 수출 규모가 작은데 이유는 원사 자체를 수출하기도 하지만, 디자인을 가미한 의류나 직물 형태의 고부가가치 제품 수출이 워낙 많기 때문이다.

　이 장에서는 이탈리아 섬유, 의류 산업의 원사, 직물, 의류, 액세서리 등 각 분야별 생산 및 수출입 현황과 해당 분야의 특징을 살펴본다.

원사 산업

이탈리아의 원사[原絲, Yarn] 산업은 대부분의 원료를 수입하고 있어, 이탈리아 패션 산업에서 교역 흑자 규모가 가장 작은 분야이다.

그동안 이탈리아 원사 산업에서 가장 큰 비중을 차지하는 분야가 합섬사 분야였다면, 2008년 경제 위기 이후 최근까지는 고급 모사를 가장 많이 수출하고 있으며 원사 산업에서 가장 중요한 부분을 차지하고 있다. 모사는 전체 원사 매출의 82.3%를 차지하고 있으며 면사는 15%의 비중이다. 2013년도 원사 수출입 현황을 보면 수출은 전년 대비 3.4%가 감소한 9억 유로, 원사 수입 역시 2.3%가 감소한 8억 3,000만 유로 정도이다.

모사뿐만 아니라 면[綿], 마[麻], 견[絹], 그리고 합성섬유[合成纖維] 분야도 각 특화 지역을 중심으로 고루 발달해 있어 원사 관련 전시회에도 전세

이탈리아 원사 산업 현황(2010~2013년)

(단위: 100만 유로)

구분	2010	2011	2012	2013
총매출	2,984	3,376	3,113	2,797
성장률(%)		13.1	−7.8	−4.3
총생산액	1,927	2,155	1,988	1,885
성장률(%)		11.8	−7.7	−5.2
총수출액	883	996	929	898
성장률(%)		12.9	−6.8	−3.4
총수입액	881	1,067	851	831
성장률(%)		21.1	−20.3	−2.3

출처 : ISTAT의 통계자료를 바탕으로 Sistema Moda Italiana

구분	총수출액(100만 유로)	성장률(%)
모사(방모사)	206	−5.3
모사(소모사)	244	−2.3
합섬모	112	−10.7
니트 원사	101	10.1
면사	202	−3.5
마사	34	−7.0
총수출액	898	−3.4

출처 : ISTAT의 통계자료를 바탕으로 Sistema Moda Italiana

계에서 방문객이 이어진다.

원단 산업

세계적인 원단(原緞, 織物) 생산의 특화 지역을 보유한 이탈리아는 이러한 지역을 중심으로 각종 전시회를 통해 1년에 2회씩 원단 컬렉션을 발표한다. 다음의 표를 살펴보면 이탈리아 원단 산업의 흑자 규모가 상당히 큰 것을 알 수 있다. 2008년 전세계 경제 위기 이후로 2009년 매출의 규모가 급하락하였으나 점점 제자리를 찾아가고 있는 것 또한 알 수 있다.

이탈리아 패션 관련 산업의 총매출의 15.2%를 차지하는 원단 산업은 모직물, 면직물, 견직물 등이 중요한 부분을 차지하고 있다. 2013년 기준 전체 원단 산업에서 가장 큰 비중을 차지하는 분야는 모직물

이탈리아 원단 산업의 변화(2008~2013년)

(단위: 100만 유로)

구분	2008	2009	2010	2011	2012	2013
매출	8,924	6,691	7,650	8,365	7,983	7,730
성장률(%)		−25.0	14.3	9.3	−4.6	−3.2
총생산액	7,069	5,365	6,128	6,542	6,237	6,021
성장률(%)		−24.1	14.2	6.8	−4.7	−3.5
수출	5,070	3,740	4,206	4,537	4,374	4,276
성장률(%)		−26.2	12.5	7.9	−3.6	−2.2
수입	1,798	1,436	1,845	2,010	1,834	1,912
성장률(%)		−29.1	28.5	13.9	−12.7	4.2
교역수지	3,272	2,303	2,361	2,436	2,540	2,365
성장률(%)		−19.4	23.0	9.0	−10.0	−1.1

출처 : Sita Ricerca, ISTAT

로 36.8%, 그다음은 면직물 23.2%, 니트류 19%이다.[22]

비엘라, 프라토 등 특화 클러스터에서 주로 생산되는 이탈리아 원단은 세련된 디자인과 컬러, 고품질의 상품으로 원단시장에서 세계 최고의 경쟁력을 보유하고 있다.

모직물

이탈리아는 유럽 최대의 모직물 생산국이자 중국에 이어 전세계 두 번째 모직물 수출국이다. 이탈리아의 모직물 산업에는 총 2,165개의 기업에서 약 3만 4천 명이 근무하며 토스카나 주의 프라토, 피에

---

22 출처 : La Reppublica, 2014년 2월자

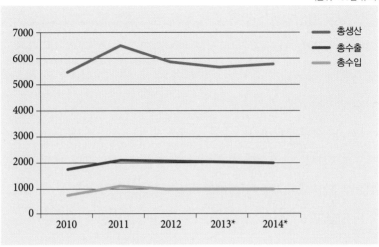

이탈리아 모직 산업 동향(2010~2014년)

(단위:100만 유로)

- 총생산
- 총수출
- 총수입

출처 : Unicredit과 Cerved Group의 합동 자료

몬테 주의 비엘라, 베네토 주의 비첸자에 집중되어 있다.

이탈리아에서 생산된 모직물의 35%가 수출되며 산업의 주 도시인 비엘라의 기업들은 대부분 일정 규모 이상의 대기업들로서 주로 소모 원단과 캐시미어 등 고급 소재를 중심으로 생산한다. 반면 프라토는 업체들 규모가 비엘라에 비해 작은 편인데, 주로 방모 원단과 합성섬유와 혼방된 중가 원단 중심이다.

실크 직물

이탈리아의 실크 산업은 코모 지역을 중심으로 발달해 있다. 수직통합 생산 시스템을 구축하여 모든 작업을 직접 다 관장하는 대기업들과 특정 분야를 전문으로 협업, 분업 등의 방식으로 맡은 분야를 생산하여 최종 제품을 만드는 중소기업 형태가 공존하고 있다. 이탈리아 실크 산업에서 원단은 전체 실크 관련 산업의 65%의 비중을 차지하고 있으며, 스카프 등의 실크 완제품의 비중은 25%이다. 총생산량의 75% 정도를 수출하는 이탈리아 실크 원단은 디자인의 독창성과 차별화된 프린트 기술로 다른 나라 제품과 차별화된다.

1993년 이후부터 한국, 중국 등에서 생산되는 중저가 제품과의 경쟁으로 위기를 맞았으나 다품종 소량 생산 중심의 고가 제품에 집중적으로 투자하여 새로운 전기를 마련하였다.

최근 자료에 따르면 2014년 실크 관련 산업은 매출이 전년 대비 5.4% 이상 증가했으며 수출과 내수 산업이 골고루 성장하는 추세이다.

실크 산업 동향(2010~2014년)

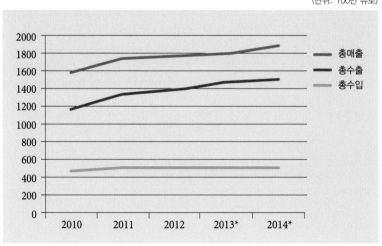

출처 : 이탈리아 섬유협회

면, 마직물

이탈리아의 면, 마직물 산업은 1990년대 초반 이후 중국, 파키스탄, 인도 등의 신흥 생산국으로부터 국제시장에서의 위치를 위협받으면서 점차 그 성장이 둔화되기 시작했다. 그러나 여전히 유럽 내 전체 면, 마직물 생산 1위국이며 전세계에서 중국 다음으로 수출을 많이 하는 나라이다.

1995~1999년까지 천연섬유의 침체기 동안에는 종업원의 수가 매년 평균 2%씩 감소하고 업체 수가 지속적으로 줄어들었으나 2000년대 들어서면서 면, 마 등 천연섬유가 다시 주목을 받기 시작하면서 2012년에는 면직물과 마직물 생산량이 48만 6,677톤으로 전년 대비

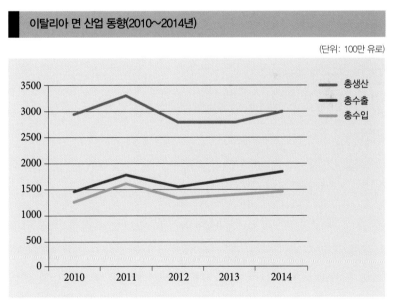

이탈리아 면 산업 동향(2010~2014년)

(단위: 100만 유로)

총생산
총수출
총수입

출처 : Unicredit & Databank

5.9% 증가했으며, 종업원 수도 4만 6,500명으로 0.2%의 증가세를 보이며 안정세를 보이고 있다.

이탈리아 면직물 산업은 다른 섬유 산업에 비해 해외투자나 원료 수입이 많은 편이다.

의류 산업

Lo Stile è Gusto e Cultura. 스타일은 취향과 문화이다.

조르지오 아르마니

제대로 된 산업혁명에 합류하지 못했던 이탈리아의 봉제 시스템은 제2차 세계대전 이후까지만 해도 거의 가내 수공업 생산 시스템에서 벗어나지 못했다. 대부분 다품종 소량 생산 시스템을 통해 소규모 자영매장이나 편집매장, 디자이너 브랜드에 납품하는 형태로 발전되어 왔다. 이런 수작업 중심의 생산 구조에 창의적인 디자인과 품질의 고급화가 더해지며 '메이드 인 이탈리아'가 브랜드화되는 데 밑바탕이 되었다.

식품, 가죽, 가구, 기계 등과 더불어 이탈리아 주요 산업 중의 하나인 의류 산업은 2013년 총 504억 4,600만 유로의 매출을 기록하였고, 이탈리아 조사기관인 ISTAT에 따르면 2014년 4.5%의 매출 신장이 있을 것으로 예상된다. 몇 년째 역신장을 지속하고 있는 이탈리아 경제 상황에 비추어 보면 의류 산업은 이탈리아의 중추 산업으로 엄청난 성과를 지속하고 있다고 할 수 있겠다.

남성복

　주로 영국과 프랑스의 하청 생산을 통해 쌓은 이탈리아 남성복의 기술 및 산업은 1950년대 이후 이탈리아의 고유한 디자인과 '메이드 인 이탈리아'가 최고급 품질로 세계시장에 알려지기 시작하면서 1970년대 후반에는 영국과 프랑스를 제치고 가장 많은 남성복을 수출하는 국가가 되었다. 그러나 1980년대 중반부터 저임금을 바탕으로 한 개발도상국들의 의류 수출이 늘어나면서 이탈리아의 남성복업체는 동유럽이나 아시아 등지로 생산 시설을 이전하고, 이탈리아 국내 생산은 고품질과 하이패션 등 높은 생산 비용을 감당할 수 있는 고부가가치 제품을 주로 생산하고 있다.

　다음의 표는 최근의 이탈리아 남성복의 생산 및 수출 현황을 나타낸 것으로 2008년 세계 경제 위기를 시점으로 급격하게 매출이 줄어들었으나 최근 다시 성장하고 있는 것을 알 수 있다.

　품목별로 분석을 해보면, 2013년 남성복 총매출의 54.2% 정도가 외의류 품목이며, 26.7%는 니트류, 11.6%가 셔츠, 4.2%가 가죽 의류, 3.2%가 넥타이류로 구분되어 있다. 각 품목별로 가장 큰 성장률을 보이는 분야는 가죽 의류이며 슈트 품목은 꾸준한 매출을 기록하고 있다.

　최근 4년째 지속적인 역신장을 기록하고 있는 이탈리아의 남성복 내수시장은 2013년 전년 대비 총소비 규모가 10% 하락하였으며, 가장 크게 하락한 품목은 가죽 의류로 약 20% 정도의 하락세를 나타내었다. 반면 수출은 실적이 좋은 편으로 2013년에는 약 4.2%의 성장

이탈리아 남성복 산업(2008~2013년)

(단위: 100만 유로)

구분	2008	2009	2010	2011	2012	2013
매출	9,171	8,124	8,102	8,441	8,575	8,520
성장률(%)		−11.2	−0.5	4.2	1.6	−0.6
총생산액	5,526	4,837	4,574	4,584	4,924	4,976
성장률(%)		−12.5	−5.4	0.2	7.4	1.0
수출	5,083	4,247	4,392	4,870	5,053	5,268
성장률(%)		−16.4	3.4	10.9	3.8	4.3
수입	3,528	3,247	3,579	3,889	3,526	3,372
성장률(%)		−8.0	10.2	8.6	−9.3	−4.4
교역 수지	1,544	1,000	813	981	1,527	1,895
수출 · 매출(%)	55.4	52.2	54.2	57.7	58.9	61.8

출처 : SMI와 ISTAT의 2013년 자료

을 보였다. 현재 이탈리아 남성복 수출은 넥타이류를 제외한 모든 품목에서 고르게 성장하는 추세를 보이고 있으며, 가죽 의류 제품과 셔츠류가 가장 큰 폭으로 성장하고 있다.

이탈리아 남성복의 가장 중요한 수출국은 프랑스와 스위스, 그리고 미국으로 2013년 각각 6억 6,900만 유로, 5억 4,000만 유로, 5억 2,100만 유로 상당의 수출을 기록하였다. 한국은 아직 이탈리아 남성복의 구매에는 중요한 위치를 차지하고 있지는 않으나, 35%의 매출 성장을 보이는 급부상 국가 중 하나이다. 반면 가장 중요한 수입국은 중국, 방글라데시, 루마니아 등이다.

2013년 이탈리아 남성복 수출 현황

수출국	유로(100만)	성장률(%)	비중(%)
총수출액	5,594	4.2	100.0
EU 28국	2,914	1.4	52.1
EU 외 수출국	2,680	7.4	47.9
주요 15개 수출국			
스위스	540	3.0	9.7
미국	521	2.0	9.3
독일	503	5.1	9.0
영국	456	7.9	8.2
스페인	299	−12.7	5.4
러시아	252	1.2	4.5
홍콩	248	18.0	4.4
일본	241	0.7	4.3
네덜란드	225	−1.1	4.0
중국	169	29.5	3.0
벨기에	121	−0.1	2.2
오스트리아	110	−0.9	2.0
대한민국	88	35.1	1.6
덴마크	79	21.0	1.4

출처 : ISTAT(이탈리아 통계청)

2013년 이탈리아 남성복 수입 현황

수입국	유로(100만)	성장률(%)	비중(%)
총수입액	4,008	−4.3	100.0
EU 28국	1,469	−4.5	36.6
EU 외 수입국	2,539	−4.1	63.4
주요 15개 수입국			
중국	932	−12.2	23.3
방글라데시	392	13.7	9.8
루마니아	335	−10.4	8.4
튀니지	301	−5.1	7.5
프랑스	208	1.9	5.2
터키	199	−15.9	5.0
벨기에	156	0.3	3.9
독일	143	0.3	3.6
네덜란드	137	−8.8	3.4
인도	94	−8.9	2.4
불가리아	90	4.3	2.3
알바니아	81	7.9	2.0
스위스	81	29.1	2.0
스페인	75	13.2	1.9
영국	75	−19.2	1.9

출처 : ISTAT(이탈리아 통계청)

여성복

의류 산업 가운데 가장 유행에 민감하고 변화가 많은 분야인 여성복 분야는 이탈리아 의류시장에서 40% 이상을 차지하고 있으며 이 가운데 50% 이상을 수출하고 있다. 이탈리아는 중국에 이어 전세계 두 번째 규모의 여성복 생산국이며 최고급 여성복 생산 국가로는 당연히 첫 번째에 위치하고 있다.

1960년 경기 호황에 따라 여성복 수요가 크게 증가하면서 기존의 남성복 제조업체들이 여성복 생산으로 전환하기 시작했는데, 이를 계기로 이탈리아의 여성복 산업은 급속히 발전하게 된다. 또한 이전까지 세계 패션을 주도하던 프랑스와 영국 등이 패션 산업 투자에 잠시 주춤하던 시기에 이탈리아 기업들은 장인정신에 기반한 인력 양성, 지속적인 섬유 소재 개발과 관련 부자재 산업의 발달 등 의류 산업의 제반 여건들을 고루 발전시키면서 도약의 계기를 맞게 된다.

1970년부터 이탈리아의 주요 시장 중의 하나였던 저가품시장이 신흥 공업국들에게 잠식당하면서 기존 공장들은 고품질의 다품종 소량 생산 시스템으로 생산방식을 전환하였다. 또한 이탈리아 여성복업체는 각종 전시회를 통해 소비자들의 욕구, 트렌드 경향 또는 구매 계층의 특성을 분석해 판매 전략을 수립함으로써 치열해지는 패션시장에서도 지속적인 성장을 거듭해 왔다.

남성복 브랜드와 공장들이 이탈리아 전역에 골고루 분포되어 있는 것에 비해 여성복 브랜드는 밀라노와 피렌체에 집중적으로 모여 있다. 밀라노에 본사를 두어 운영하는 대표적 브랜드로는 아르마니, 프라다, 트루사르디, 돌체앤가바나, 베르사체 등이 있으며 피렌체에 본사를 둔 브랜드들은 구찌, 페라가모, 에밀리오 푸치 등이 있다.

품목별로 살펴보면 여성 외의류는 총매출의 61.9%를 차치하고 있고,

이탈리아 여성복 산업(2008~2013년)

(단위: 100만 유로)

구분	2008	2009	2010	2011	2012	2013
매출	13,067	11,464	11,801	12,286	12,292	12,170
성장률(%)		−12.3	2.9	4.1	0.0	−1.0
총생산액	8,736	7,501	7,523	7,646	7,846	7,816
성장률(%)		−14.1	0.3	1.6	2.6	−0.4
수출	6,753	5,461	6,039	6,677	6,828	7,024
성장률(%)		−19.1	10.6	10.6	2.3	2.9
수입	3,589	3,420	3,791	4,100	3,792	3,677
성장률(%)		−4.7	10.9	8.2	−7.5	−3.0
교역 수지	3,164	2,041	2,247	2,576	3,037	3,347
수출·매출(%)	51.7	47.6	51.2	54.3	55.6	57.7

출처 : SMI와 ISTAT

니트류는 29.2%, 셔츠류는 6%, 가죽 의류 품목은 전체 매출의 2.8%를 차지한다. 남성복 시장과 마찬가지로 이탈리아 여성복 내수시장 역시 불황을 면하지 못하고 있지만 수출은 꾸준히 성장하고 있다.

이탈리아 여성복 시장의 가장 큰 수출국은 프랑스와 독일이며 남성복과는 달리 러시아가 세 번째 자리를 차지한다. 이 때문인지 러시아 시장만을 겨냥한 다양한 행사와 이벤트를 진행하며 바이어들을 유치하려는 이탈리아 브랜드들이 최근 증가하고 있다. 2014년 상반기 이탈리아 여성복은 전년 대비 4% 정도 성장하였고, 이 중에서 가장 큰 폭으로 성장한 품목은 가죽 관련 제품으로 전년 대비 약 20%가량 성장하였다.

2014년 상반기 이탈리아 여성복 수출 현황

수출국	유로(100만)	성장률(%)	비중(%)
총수출액	3,559	4.0	100.0
EU 28국	1,789	5.1	50.3
EU 외 수출국	1,770	2.9	49.7
주요 15개 수출국			
프랑스	424	1.1	11.9
독일	353	5.6	9.9
러시아	319	−8.3	9.0
스위스	259	1.5	7.3
미국	248	7.0	7.0
영국	215	15.5	6.1
홍콩	206	19.9	5.8
일본	162	−5.1	4.5
스페인	156	1.0	4.4
벨기에	108	−0.3	3.0
네덜란드	99	12.7	2.8
중국	92	34.4	2.6
오스트리아	80	−0.3	2.2
대한민국	51	5.6	1.4
그리스	47	−8.1	1.3

출처 : SMI와 ISTAT

한편, 여성복 수입은 7.7%가량 성장했고, 가장 큰 폭으로 성장한 품목은 니트류로 전년 내비 13%가량 성장하였다. 중국이 가장 큰 이탈리아 여성복 수입국이지만 방글라데시, 크로아티아, 캄보디아 등

2014년 상반기 이탈리아 여성복 수입 현황

수입국	유로(100만)	성장률(%)	비중(%)
총수입액	2,035	7.7	100.0
EU 28국	929	10.4	45.7
EU 외 수입국	1,106	5.6	54.3
주요 15개 수입국			
중국	436	1.8	21.4
프랑스	184	8.4	9.1
루마니아	163	3.9	8.0
방글라데시	132	26.7	6.5
독일	105	26.4	5.2
터키	102	−10.1	5.0
튀니지	93	−11.3	4.6
벨기에	89	4.4	4.4
인도	82	3.2	4.1
스페인	75	15.3	3.7
불가리아	67	−6.0	3.3
네덜란드	52	16.0	2.6
영국	48	22.4	2.4
크로아티아	40	38.5	2.0
캄보디아	31	42.9	1.5

출처 : SMI와 ISTAT의 자료

도 주요 수입국으로 빠른 속도의 성장률을 보이고 있다.

기타

최근 성인 의류와 마찬가지로 디자인이 더욱 다양해지고 패션 지향적인 독립 분야로 성장하고 있는 아동복 시장은 주로 중소업체들로 구성되어 있으며 이탈리아 특유의 유연한 생산 시스템으로 전세계 고급 아동복 시장을 주도하고 있다.

79회째를 맞은 '피티 이마지네 빔보'에는 총 462개의 컬렉션이 소개되었고 5,700명의 바이어가 방문하였다. 이 중 절반 이상인 3,200명 정도가 해외 바이어였다. 이탈리아 아동복의 가장 중요한 수출국은 러시아이며 그다음은 프랑스, 스페인, 독일순이다.

이탈리아 아동복 시장 현황(2008~2013년)

(단위: 100만 유로)

구분	2008	2009	2010	2011	2012	2013
매출	2,707	2,520	2,512	2,648	2,631	2,580
성장률(%)		−6.9	−0.3	5.4	−0.6	−1.9
총생산액	1,365	1,252	1,170	1,047	1,115	1,113
성장률(%)		−8.3	−6.5	−10.6	6.5	−0.1
수출	834	690	743	829	845	879
성장률(%)		−17.2	7.6	11.6	1.9	4.1
수입	1,486	1,416	1,540	1,701	1,580	1,520
성장률(%)		−4.7	8.8	10.4	−7.1	−3.8
교역 수지	−651	−725	−797	−871	−736	−641
수출·매출(%)	30.8	27.4	29.6	31.3	32.1	34.1

ISTAT, SMI, Sita Ricerca의 2013년 자료, 0~14세까지의 의류와 액세서리, 속옷 포함

2000년대 고성장을 한 청바지나 캐주얼 시장 때문에 많이 생겨났던 아르마니 진, 베르사체 진, D&G, 저스트 카발리 등 세컨드 라인들이 영업이 부진하여 사업을 철수하는 브랜드가 많아지고 있다. 그리고 미국 청바지 브랜드와는 다른 차별화된 고급 청바지로 전세계 젊은이들 사이에 큰 인기를 얻었던 이탈리아 청바지 브랜드들도 가격 저항에 해외 생산 비중을 높여 가고 있다. 디젤은 자체 상품의 성장 한계 때문에 마르니 등의 다른 브랜드 인수 합병을 통해 성장을 모색하고 있으며 미쓰 식스티는 중국 회사에 인수되었고, 리플레이도 인수 합병 시장에 자주 오르내리고 있다.

이탈리아 청바지 시장은 수입, 수출 모두 부진한데 특히 2013년 수입은 남성 청바지는 12%, 여성 청바지는 17.2%가 하락하였다.[23] 주요 수입국은 저가 생산국인 튀니지, 터키, 중국, 루마니아다. 미국에서 생산된 청바지 상품의 수입 관세가 기존 관세의 3배 정도인 38%로 상승하면서 메이드 인 USA의 2012년 여성 청바지 수입은 31% 정도 하락한 3천만 유로에 그쳤다.

반면 이탈리아 청바지 상품의 수출은 남성용의 경우 수량은 12.4%, 매출은 5% 하락하였고 여성용 제품의 경우 수량은 3.7% 하락하였지만 매출은 1.9% 상승하였다. 가장 중요한 수출국인 프랑스와 독일은 하락세를 보이지만 영국은 15.2% 상승한 5,600만 유로, 미국은 22.7% 상승한 3,500만 유로의 매출을 기록하였다.[24]

23 MF Fashion, Denim, 2013년 5월 17일자
24 MF Fashion Jean 품목의 국가별 수출액

각종 액세서리

구두

 수많은 명품 브랜드가 중국이나 다른 저가 생산국 소싱을 통해 생산하여 영업하는 데 큰 어려움을 겪지 않는 것이 최근 상황이다. 이탈리아 유명 브랜드조차도 매장 내 많은 상품을 메이드 인 차이나 라벨을 달고 판매하고 있다. 이에 비해 구두나 가방 등의 가죽 제품류는 아직 메이드 인 이탈리아가 어느 정도 인정을 받고 있는데, 이들

이탈리아 신발 산업 현황(2012~2013년)

(단위: 100만 켤레, 100만 유로)

구분		2012	2013	성장률(%)
기업 수	개	5,356	5,186	−3.2
직원 수	명	79,254	78,093	−1.5
생산	켤레	198.5	202.1	+1.8
	금액	7,122	7,472	+4.9
수출	켤레	214.2	219.8	+2.6
	금액	7,638	8,037	+5.7
수입	켤레	301.2	303.5	+0.8
	금액	3,813	3,884	+0.1
무역 수지	켤레	−86.9	−83.7	+3.8
	금액	3,807	4,239	+11.4
내수시장 생산	켤레	31.8	29.8	−6.2
	금액	1,194	1,148	−3.8
내수시장 소비	켤레	209.1	199.3	−4.7
	금액	4,092	3,918	−4.3

출처 : Assocalzaturifici 2013

2013년 이탈리아 신발 주요 수출국

(단위: 100만 유로)

구분	2013년 1월~12월			성장률(%)		
	금액 (100만)	수량 (천 켤레)	평균가 (유로)	금액	수량	평균가
프랑스	1,323	42,605	31.05	+9.8	+10.1	−0.3
독일	869	32,168	27.00	+2.1	+0.9	+1.2
미국	798	13,685	58.28	+7.4	+6.1	+1.3
스위스	695	11,597	59.93	+6.2	+1.7	+4.4
러시아	643	8,139	79.01	+8.7	+8.5	+0.1
영국	477	12,890	37.03	+6.4	−9.9	+18.1
벨기에	274	7,418	36.99	−1.9	-0.6	−1.3
홍콩	216	2,222	113.37	+12.0	+2.5	+9.3
네덜란드	247	8,105	30.52	−5.4	−8.3	+3.1
스페인	237	9,312	25.44	−5.2	−6.1	+1.0
일본	220	3,409	64.51	−1.3	+0.5	−1.8
중국	184	1,718	106.95	+26.5	+15.6	+9.5
오스트리아	165	5,038	32.72	−0.3	+1.2	−0.9
UAE	104	1,792	57.93	+18.9	+2.3	+16.2
케나다	90	2,213	40.85	+15.4	+9.0	+5.9
우크라이나	89	1,135	78.46	+6.5	+10.5	−3.4
대한민국	84	1,057	79.45	+10.1	+7.9	+2.0
폴란드	79	3,558	22.22	−7.3	+9.4	−15.3
그리스	76	5,150	14.79	−3.2	+9.0	−11.2
체코	70	3,303	21.18	+5.9	+10.9	−4.5
합계	8,073	219,792	36.74	+5.7	+2.6	+3.0

출처 : ISTAT의 자료를 바탕으로 한 Assocalzifici 자료

가죽류 제품에 대해서는 소비자가 그 가치를 인정하고 비용을 추가 지불하려는 의향이 여전히 많이 남아 있다는 의미이기도 하다.

제품의 고급화와 디자인, 기술력으로 전세계 구두시장에서 독보적인 위치를 유지하고 있는 이탈리아의 구두 산업은 2014년 현재 약 5,100여 개의 제화업체에서 77,500여 명의 종업원이 일하고 있다. 고급화 차별화를 통하여 매출은 지속 성장하고 있으나 2000년대 11만 명 이상이 근무하던 구두 산업의 고용 규모는 중국이나 기타 중저가 소싱국의 영향으로 30% 정도 감소한 상황이다.

2009년 글로벌 금융 위기를 맞아 급격한 역신장을 했다가 점점 개선되는 모습을 보였으나 2012년 4% 이상의 생산 및 수출 감소가 있었다. 하지만 2013년부터 다시 서서히 회복세를 보이고 있으며, 2013년 약 2억 210만 켤레를 생산하였고, 수출 또한 꾸준히 증가하는 추세이다.

한편 다른 패션 분야와 비슷하게 이탈리아의 신발 관련 내수시장도 그 규모가 줄어들고 있다. 특히 175유로 이상의 고급화는 2013년 전년 대비 10% 가까이 판매가 줄어들었다.[25]

의류와 마찬가지로 주요 수출국은 프랑스, 독일, 미국, 스위스 등이며 홍콩과 중국으로의 수출이 빠른 속도로 증가하고 있다.

가방 및 가죽 액세서리(벨트, 지갑 등)

최근 명품시장을 중심으로 한 가죽 잡화 분야의 붐으로 크게 성장하고 있는 가방 및 액세서리 분야는 이달리아 피렌체를 중심으로 한

---

25 laborazioni Assocalzaturifici, SITA , 2013

이탈리아 가죽 내수 산업 소비량(2012~2013년)

(단위: 100만 개, 100만 유로)

품목	2012년			2013년			성장률(%)		
	수량	금액	평균 가격	수량	금액	평균 가격	수량	금액	평균 가격
벨트	6.3	121.4	19.34	5.9	116.39	19.59	−5.5	−4.2	1.3
소형가방	19.8	1,019.6	51.62	18.8	987.4	52.41	−4.6	−3.2	1.5
여행가방	1.4	92.5	65.26	1.35	83.2	61.54	−4.6	−10.0	−5.7
배낭	2.96	92.7	31.35	2.8	98	34.57	−4.2	5.6	10.3
중형가방	1.6	58.4	36.90	1.46	56.2	38.63	−8.0	−3.7	4.7
사무용품	1.25	95	76.01	1.2	110.7	91.03	−2.8	16.4	19.8
지갑	3.3	103.1	31.17	3.2	114.7	35.64	−2.7	11.3	14.3
모로코 스타일*	5.1	82.9	16.34	4.9	83.2	17.11	−4.1	0.5	4.7
합계	41.6	1,665.8	40.03	39.7	1,649.8	41.54	−4.6	−1.0	3.8

*모로코 스타일(Marocchineria): 모로코 스타일의 에스닉한 가죽 제품류

토스카나 지역에서 주로 발달해 있다.

매년 2회 리네아펠레 등의 소재 및 부자재 전시회, 밀라노에서 개최되는 미펠을 비롯한 제품 전시회를 통한 전시 및 영업 인프라를 구축하고 있는 이탈리아의 가방 및 액세서리 분야는 2013년 기준 총생산이 약 56억 유로이며, 2013년 수출액은 약 47억 유로로 2012년 대비 11% 증가한 수치이다.

다른 모든 산업처럼 2013년 가죽 제품류는 내수 영업은 불안정한 추세를 보이며 해마다 매출이 줄어들고 있지만 수출은 꾸준히 증가

하고 있다.[26] 주요 수출국은 스위스, 프랑스, 미국, 홍콩, 일본, 영국 독일 등이다.

안경

13세기에 베네치아에서 처음으로 발명된 안경은 그 이후 베네토 지역을 중심으로 발달하였는데, 이탈리아는 전세계 안경의 27%의 생산이 이루어지는 곳이고 중·고가 안경시장의 약 70%를 차지하는 점유율을 자랑한다. 총생산량의 90% 이상을 수출하고 2012년에는 26억 3,100만 유로를 수출하였다.

이탈리아 안경의 주요 생산지는 베네토 주의 작은 마을 벨루노인데, 국내 생산의 약 80%가 이루어지는 곳이다.

주요 기업은 룩소티카[Luxottica]를 선두로 사필로[Safilo], 마콜린[Macolin], 데리고[De Rigo] 등이 있다. 그중 룩소티카는 이탈리아 패션 산업 관련 기업 중에서 규모가 가장 크고 매출액도 가장 높은 기업으로 2013년 매출 73억 유로, 순이익 5억 4,470만 유로를 기록하였다.

26 AIMPES, Andamento congiunturale del settore pelletteria 2013

이탈리아 4대 안경 생산업체 브랜드

그룹	라이선스 브랜드	자체 브랜드
사필로	Alexander McQueen, Bobbi Brown, Bottega Veneta, Céline, Dior, Fendi, Gucci, Boss Orange, Hugo Boss, Jimmy Choo, Juicy Couture, Marc Jacobs, Marc by Marc Jacobs, MaxMara, Max&Co, Pierre Cardin, Tommy Hilfiger, Saint Laurent (18개)	Carrera, Polaroid, Safilo, Oxydo, Smith Optics (5개)
룩소티카	Brooks Brothers, Bulgari, Burberry, Chanel, Chaps, Coach, Disney, Dolce & Gabbana, Donna Karan eyeweare, Armani, Fox Eyewear, Michael Kors, Miu Miu, Polo Ralph Lauren, Paul Smith, Prada, Ralph Lauren Purple Label, Reed Krakoff, Stella McCartney, Tiffany & Co, Tory Burch, Versace, Versus (22개)	Alain Mikili, Arnette, Eye Safety System, K&L, Oakley, Oliver Peoples, Persol, Ray Ban, Sferoflex, Revo, Vogue (11개)
마콜린	55DSL, Agnona, Balenciaga, Diesel, Dsquared2, Gant, Guess, Harley-Davidson, Just Cavalli, Marciano, Montblanc, Roberto Cavalli, Swarovski, Timberland, Tod's, Tom Ford, Web Eyewear, Bongo, Candie's, Catherine Deneuve, Covergirl Eyewear, Kenneth Cole New York, Kenneth Cole Reaction, Magic Clip, National, Rampage, Savvy, Skechers, Viva (29~13개는 미주 시장만 라이선스권 보유)	Marcolin, Web (2개)
데리고	Bluemarine, Carolina Herrera, Caroline Herrera New York, Chopard, Escada, Ermenegildo Zegna, Fila, Furla, Givenchy, Lanvin, Loewe, Tous, Orla Kiely, Mille Miglia (14개)	Lozza, Police, Sting (3개)

II. 이탈리아 패션 유통

이탈리아의 패션 유통은 백화점이나 쇼핑몰 등의 대형 사업체에 비해 소매 사업자 중심의 로드숍이 많이 발달한 곳이다. 특히 한국의 5일장 같은 재래시장이 아직도 일주일 단위로 도시, 마을마다 열리고 있다. 백화점이나 아울렛 타운 같은 고급 대형 쇼핑몰부터 길거리 노점상의 형태까지 혼재해 있고, 여전히 각각의 역할들이 잘 어우러진 곳이다. 이탈리아 재래시장은 산지에서 직접 공수해 온 신선한 농산물이나 과일, 희귀한 앤틱 제품들, 다양하고 싼 중고품, 그리고 공장들에서 흘러나온 아주 싼 의류 제품 등이 넘쳐난다. 이런 시장은 각 시나 동마다 매주 설치되는데 지역 광장이나 주차장, 대로의 한 부분을 임시로 폐쇄하고 장이 선다. 그러나 다양한 슈퍼마켓 체인들이 매장을 확장하며 편리한 쇼핑에 점점 익숙해져 가고 있어서인지 이탈리아도 점점 재래시장 비중이 줄어들고 있다. 한국에서도 재래시장을 보호하기 위해 법도 만들고 지원을 하지만 고객이 편하고 깨끗한 쇼핑 환경을 원하는 흐름을 바꾸기는 어려운 것 같다.

다음 표에서 보면 최근 10여 년간 이탈리아 패션 유통 동향을 극명하게 파악할 수 있다. 이탈리아 경기 침체와 함께 소비가 지속적으로 위축이 되는데 50% 이상이던 스트리트 매장 비중이 35%까지 떨어진 것을 볼 수 있는 반면, 중저가 중심의 쇼핑몰이나 아울렛, 체인 스토어 중심으로 패션 유통이 성장하고 있다.

이탈리아 패션 제품 유통 형태 비율

유통 형태	2003년	2006년	2009년	2014년	비고
브랜드 직영매장 및 편집매장	52.9	48.6	44	35.3	DETTAGLIO INDIPENDENTE
프랜차이징 매장	15.0	19.0	22	31.5	CATENE/ FRANCHISING
백화점, 쇼핑 센터, 대형 아울렛	16.3	18.7	22	23.5	GRANDI MAGAZZINI , SUPERFICI, IPER E SUPER
재래시장 또는 노점	10.8	8.2	4	4.7	AMBULANTE
기타	5.0	5.5	8	5	ALTRI CANALI
합계	100	100	100	100	

출처 : Federazione Moda Italiana su Dati di Sita Ricerca

2013년 이탈리아 여성복의 유통별 판매 구조를 살펴보면 프렌차이징이 차지하는 비율은 약 41%, 직영 혹은 편집매장은 29%, 백화점은 8%, 대형 쇼핑몰 5%, 쇼핑 센터 1%, 아울렛 5%, 재래시장 또는 노점이 6% 정도를 차지한다. 이 중 눈에 띄는 것은 온라인 판매로, 총비중의 3%밖에 차지하고 있지 않지만 전년 대비 40% 정도 성장한 점에 미루어 이 분야에 대한 전망이 밝다고 볼 수 있겠다.[27]

반면 남성복 시장은 프렌차이징이 29.5%, 직영 혹은 편집매장 34.0%, 백화점과 대형 쇼핑몰 19.7%, 아울렛 8.2%, 재래시장 3.4%,

27 Sita Ricerca , 2014년 9월자

온라인 3% 정도가 차지하고 있다. 남성복 시장 역시 온라인 시장이 전년 대비 31.5% 성장하였다.

백화점

이탈리아의 백화점은 라 리나센테 그룹과 코인 그룹 둘뿐이다. 그러나 다른 나라 백화점들과는 다르게 대부분 지역 밀착형 소형 백화점이다. 밀라노 같은 대도시에 있는 몇 개의 매장을 제외하면 우리나라 지방에 있는 소규모 쇼핑몰과 유사하다. 소비자들이 특별히 백화점을 즐겨 찾지 않는 것도 이유이지만 각 개별 스트리트 매장들이 차별화된 서비스와 상품매장 인테리어로 고객을 유인하고 있고, 고객들도 브랜드 개별 매장에서의 쇼핑을 더 선호한다.

코인 그룹

1916년 비또리오 코인이 베네치아 피아니가에서 사업을 시작했고, 1926년 실, 직물, 린넨 제품을 판매하는 첫 매장을 베네치아 지역 밀라노에 오픈하였는데 이것이 코인 백화점 1호이다. 1965년에 밀라노 친퀘 지오르나테(Cinque Giornate)에 7,000mq의 코인 백화점을 오픈하면서 제대로 백화점의 이미지를 갖추게 되었다. 1972년에 백화점 재고를 판매하던 오비에쎄[Oviesse]를 독자적인 형태로 분리하여 OVS 인더스트리라는 SPA사업으로 선환하였으며, 1999년에 코인 그룹 주식회사로 상장되었다. 코인 백화점과 OVS 인더스트리 사업을 영위하며 직원은 대략 7천명, 매장은 450여 개이다.

코인 그룹의 신규 사업으로 엑셀시오르를 빼놓을 수 없는데, 기존 코인 백화점이 중산층과 매스마켓을 겨냥한 것이라면, 엑셀시오르는 최고급 컨템포러리 브랜드 중심의 차별화된 이미지를 선보이고 있다.

리나센테 백화점

런던이나 파리와 비교할 때 다양한 명품 브랜드가 모여 있는 고급 백화점이 없었던 이탈리아에서 밀라노 두오모 옆에 있는 리나센테 백화점은 거의 유일한 명품 백화점이었다.

1865년에 보꼬니 형제가 세운 이탈리아 최초의 기성복 상품점으로, 개업 초창기에 엄청난 호황을 누리며 유명세를 펼쳤다. 1919년부

리나센테 백화점 전경

터 1921년 사이에 8개의 도시에 새로운 숍을 열 정도로 급속하게 성장하게 된다.

그러나 많은 관광객과 고객이 있었어도 실적은 계속 좋지 못했는데, 2011년 태국의 센트럴 그룹에서 인수 후 대대적인 투자를 하게 되었다. 새로운 사장 빅토리오 라디체를 영입하여 변신을 추진했는데, 런던의 셀프리지와 같은 고급 백화점을 만든다는 목표 아래 백화점에 막대한 투자를 해 내부를 완전히 개조하고 루이비통을 2개 층으로 입점시키는 등 다양한 노력을 하고 있으며 밀라노의 결과가 좋아 로마 등 타 도시에도 고급화 전략을 확대할 예정이다. 이탈리아 전역에 11개의 매장이 있다.

쇼핑몰 및 아울렛

큰 비중을 차지하고 있지는 않지만, 쇼핑몰 역시 이탈리아 패션 유통의 한 부분이다. 이탈리아의 쇼핑몰은 다른 나라와 비교할 때 규모는 작은 편인데 평균 500mq 이상의 면적에 주로 도시 외곽에 위치하고 있다. 이페르코프Ipercoop, 오샹Auchan 등의 대형 슈퍼마켓 체인과 함께 입점을 하여 쇼핑몰 타운을 구성하기도 한다. 이탈리아 쇼핑몰 중 대표적인 회사로는 소렐레 라몬다Sorelle Ramonda로, 이탈리아 동북부, 라지오 지역 그리고 오스트리아에 약 60개의 지점을 두고 운영하고 있다. 소렐레 라몬다이 입점 브랜드로는 레드발렌티노, 알레그리, 알렉산더 맥퀸과 같은 디자이너 고급 브랜드부터 아디다스, 콜마와 같은 스포츠 웨어 브랜드까지 다양하다. 한편 이탈리아에는 지난 2000

년대 이후 북부 지역에만 13개의 대형 아울렛이 생겼고 전문가들은 약 20여 개까지 증가할 것으로 전망하고 있다. 영국의 맥아더글렌사는 이탈리아 핀젠사와 협력하여 디자이너 아울렛이란 슬로건 아래 세라발레 아울렛을 2000년 오픈했는데 외국 관광객이 가장 많이 찾는 새로운 형태의 아울렛 전형이 되었다.

이탈리아 아울렛의 초기 평균 투자 비용은 약 8천만 유로로 산정되며 1mq당 연간 평균 6천 유로의 매출이 발생하는 것으로 추산되지만 일부 스포츠 캐주얼 브랜드나 유명 브랜드의 경우 1mq당 연간 15,000~20,000유로까지 매출을 올리고 있다. 이러한 일반적인 형태의 아울렛 외에도 YOOX.com은 온라인 아울렛이라는 콘셉트로 2000년에 첫 사업을 시작, 현재에는 종합 패션 온라인 몰로 성장했으며, 이탈리아 주식시장에 상장되기까지 한 대표적인 사업체가 되었다.

편집매장

신생 브랜드나 중소 브랜드에 막강한 영향력을 행사하므로 패션계의 마피아라고도 불리는 이탈리아의 편집매장들은 100% 오너형 사업으로 점주 자신의 취향 중심으로 매장의 콘셉트가 결정되고 상품이나 브랜드가 구성된다. 이탈리아 전역에 도시마다 다양한 형태로 존재하며 해당 지역에서 매장을 운영해 성공한 사람은 사업을 지속 확장하는데, 콘셉트에 따라서 남성, 여성, 액세서리, 청바지 등 10여 개 이상의 매장을 운영하는 사람도 있다. 코모에 있는 테사빗Tesabit은 호수 옆 광장의 엠포리오 아르마니 단독 매장을 포함 코모 시내에

12개 매장을 운영하고 있는데, 이런 기업형 편집매장이 이탈리아 전역에 퍼져 있다. 그러나 최근 이어지는 불경기의 여파로 많은 매장이 경영이 힘들어 전업, 폐업을 고려하는 등 돌파구를 찾기 쉽지 않은 환경이다.

**안토니아·
엑셀시오르**

엑셀시오르 밀라노는 2011년 코인 그룹에서 그룹의 중·저가 이미지를 개선하기 위해 콘셉트 스토어로 야심차게 추진한 프로젝트이다. 옛날 극장 건물을 매입해 컨템포러리 콘셉트 스토어로 재구성하였는데, 상품 구성이 기존 이탈리아 백화점이나 편집매장과는 달라서 처음에 많은 방문객이 줄을 이었지만 최근에는 이탈리아 사람에게는 브랜드나 제품 스타일이 낯설고 관광객들도 밀라노에서 쇼핑을 하는 것은 이탈리아 브랜드나 제품들을 구매하러 오는 사람들이 대부분이어서 영업은 그렇게 활발하지 않은 것으로 보인다. 엑셀시오르가 2014년 460만 유로의 매출을 달성하자 핫한 브랜드 이미지 구축에 성공적이었다고 판단한 경영진은 베로나와 로마에도 매장을 열었다.

밀라노의 매장 규모는 6층으로 약 4,000mq 정도이고 지하에는 식당과 식품점이 있고 대부분의 매장은 미국 디자이너 브랜드나 컨템포러리 상품으로 구성되어 있다. 엑셀시오르의 회장인 스테파노 베랄도는 이 매장을 총괄할 적합한 사람을 구하던 중 엘리오 피오루치로부터 안토니아를 소개받아 매장 구성을 시작하게 된다. 안토니아는 아티스트 디렉터로 상품 구성 외 전체적인 콘셉트도 같이 관리하고 있다.

안토니아는 1966년생으로 스칼라 극장 오페라 의상 디자이너였던 어머니 밑에서 디자인 감각을 익혔고 1987년 21세부터 밀라노 리구리아 등에서 판매사원으로 일을 시작했다. 그러던 중 1997년 브레라 지역(VIA CUSANI)에 100mq 규모의 패션 편집매장을 파트너와 같이 시작했다가 바로 독립하여 안토니아 액세서리 매장을 오픈한다. 영업이 잘되자 1999년 같은 지역에 120mq 정도의 안토니아 여성 편집매장(VIA PONTE VETRO I)을 오픈하고 2008년에는 남성 편집매장인 안토니아 워모(VIA PONTE VETRO 9)를 오픈해 현재에 이르고 있다. 안토니아의 남편 마우리지오는 전체 매장의 관리 책임자로 일했으나 최근 남성 매장은 안토니아가 직접 경영하고 있다.

1970년 죠비나 모레티(Giovina Moretti)는 비아델라스피가에 아방가르드 멀티브랜드 편집매장으로 사업을 시작했다. 현재는 두 딸인 모니카와 라우라가 경영을 맡고 있으며, 밀라노의 중요한 아방가르드 트렌디 편집매장 중 하나로 손꼽힌다. 조르지오 아르마니, 돌체앤가바나, 로베르토 카발리, 크리지아와 같은 이탈리아 디자이너 상품은 물론이고, 1970년대에 장폴고티에, 웅가로 등 프랑스 디자이너 상품을 처음으로 밀라노에 소개하여 유명해졌다. 90년대 미국 디자이너 브랜드인 캘빈 클라인, 도나 카란을 비롯하여, 현재는 재전성기를 맞은 발망, 랑방 외 74개의 전세계 디자이너 브랜드 상품을 소개하기도 하였다. 주변 상가 빌딩을 상당히 많이 소유하고 있으며, 남·여성복 멀티숍뿐만 아니라 근처에 죠 모레티 아동복 매장도 전개했었으나 아동매장은 2014년 매출 부진으로 폐업했다. 2000년부터 유명세를 타고 있는 이탈리아 피렌체 출신의 여성복 디자이너인 에르마노 셰르비노에게 숍인숍 형태로 매장 내 공간을 제공하고 있다. 죠 모레비티에서 에르마노 셰르비노에게 얼마의 임대료를 받는지에 대해 많은 사람들이 궁금해하고 있다.

온라인

이탈리아의 온라인 시장의 역사는 상대적으로 짧은 편이다. 인터넷이 최근에 보편화된데다 현금 사용을 좋아하고, 눈으로 직접 보면서 쇼핑하는 것을 즐겨 인터넷 구매에 대한 신뢰도가 약하기 때문이다.

그럼에도 불구하고 패션 관련 온라인 산업은 꾸준하게 성장 중이다. 최근 발표에 의하면 온라인 산업은 유일하게 판매가 성장하고 있는 유통 형태이며 2006년 16억 유로였던 이탈리아의 전체 온라인 시

장 규모는 2012년 기준 212억 유로로 10배 이상 성장하였다.[28]

이탈리아의 온라인 시장의 대표 조사기관인 넷콤[Netcomm]의 2012년 자료에 따르면 패션은 온라인 구매에서 가장 높은 수치를 차지하는 서적 다음으로 전체 온라인 구매의 13.8% 비중을 차지하고 있다.

패션 상품의 구매 중 가장 큰 비중을 차지하는 것은 의류로 총 40.6%, 그다음은 신발 36.6%, 액세서리 30.4% 가방 15% 순이다.

이탈리아는 럭셔리 패션 종주국인만큼 럭셔리 품목을 판매하는 루이자 비아 로마[luisaviaroma.com], YOOX에서 운영하는 더코너[thecorner.com], 안토니올리[antoniloli.com] 등의 온라인 쇼핑몰이 눈에 띄는 편이다. 이들은 이탈리아 시장에 만족하지 않고 해외시장에 활발하게 사업을 전개하고 있으며 최근 온라인 직구입이 증가하고 있는 한국과 중국인 고객을 위한 홈페이지 원어 서비스도 제공하고 있다.

한편 하이 스트릿 패션 쇼핑몰 같은 경우 이탈리아 회사가 아닌 Zalando나 ASOS와 같은 외국회사의 이탈리아 몰이 주를 이루는 편이며, 온라인 아울렛몰과 플래쉬 세일 쇼핑몰 또한 큰 활약을 펼치고 있는데, 대표 주자로는 YOOX와 Privalia 등이 있다.

---

28 Casaleggio Associati, 2013

루이자 비아 로마

루이자 비아 로마는 피렌체에 위치한 이탈리아 최고의 편집매장 중 하나로 이탈리아 럭셔리 리테일러 중 가장 먼저 온라인의 중요성을 인식하고 1999년부터 온라인 판매를 시작하였다.

판매하는 제품은 남성, 여성, 아동 및 액세서리, 쥬얼리 등 모든 아이템을 망라하고 있으며 한국을 포함한 전세계 대부분의 지역에 판매하고 있다. 이탈리아 명품 온라인 숍 가운데 한국인들에게 가장 잘 알려진 곳 중의 하나이기도 하다.

공식 자료에 의하면 루이자 비아 로마의 2012년 온라인 판매액은 1억 유로 정도로, 2008년의 1천만 유로에 비하면 10배 정도 증가하였다. 현재 500여 개 브랜드를 취급하는데 판매의 50%가 랑방, 맥퀸, 겐조, 페라가모 등의 최고급 명품 브랜드이고 나머지 50%는 신진 디자이너, 컨템포러리 디자이너 등이 차지하고 있다.

루이자 비아 로마의 차별화된 시스템인 'Buy it First'는 전세계 주요 패션위크인 밀라노, 뉴욕, 파리, 런던 쇼가 끝난 직후 선구매하는 시스템으로 2009년부터 시작되어 큰 호응을 얻고 있다.

루이자 비아 로마에서는 선구자적인 입지를 유지하기 위하여 다양한 형태의 온라인 마케팅을 이용하고 있다. 지금은 대중화되었지만 블로거나 온라인 영향력자를 활용하는 것을 처음 도입한 업체이기도 하다. 올해로 9회를 맞이한 피렌체포에버는 세계 각국의 중요한 패션 블로거들을 초대해, 그들과 3일간의 특별한 시간을 갖는 행사로 유명하다.

도매시장

이탈리아에는 소규모 혹은 다양한 도매상가가 지역마다 발달해 있지만 이탈리아를 대표하는 도매상가를 꼽자면 첸트로 테씰레 밀라노와 첸트로 그로쏘 볼로냐가 있다. 이곳은 한국의 남대문이나 동대문 시장과 비슷한 개념이다. 보통 이탈리아 브랜드를 구매하기 위해서는 피터 워모 같은 전시회나 밀라노 컬렉션이 시작되는 시점에 바이어들이 밀라노를 방문해 다음 시즌 제품의 발주를 진행하지만, 이곳에서는 해당 시즌 제품이 판매된다. 즉, 일반 브랜드의 경우 2월에 여성복 컬렉션을 보고 가을·겨울 제품을 발주하지만 이 도매시장은 그 다음달 3월부터 판매될 봄·여름 상품을 판매한다. 한국에서 이곳을 이용하는 회사는 많지 않은 편이다. 너무 일찍 오면 생산된 제품이 너무 적고, 너무 늦게 오면 판매가 다 되어 버린 후이기 때문에 바이어가 매월 출장을 오거나 밀라노에 상주하지 않는 한 이곳의 제품을 취급하기는 쉽지 않다. ZARA, H&M 같은 패스트 패션 브랜드들의 원조로 보면 될 듯하다. 이런 형태의 기획과 영업으로 대형 브랜드가 된 파트리지아 페페는 전세계 100여 개의 단독매장을 보유하고 있으며, 매출액은 1억 5천만 유로 수준이다. 시장 특성 그대로 다른 브랜드의 컬렉션이 발표된 이후에 제품을 준비하므로 잘나가는 디자이너나 브랜드의 카피 혹은 참조한 제품들도 많이 눈에 띈다. 즉, 일반 브랜드가 전시회나 컬렉션을 통해 다음 시즌 제품을 발표한 후에 상품기획을 시작하는 방식인데, 1년 전에 상품기획을 하는 상품이 아니라 가장 최근에 잘 팔리는 상품들이 만들어진다. 피렌체에도 중국인 중심으로 주로 프라토 지역에서 중국인이 생산한 '메이드 인 이탈리아' 제품과 중국에서 수입해 온 제품들을 같이 도매로 판매하는 곳이 상당히 넓게 퍼져 있다.

첸트로 테실레 밀라노

1984년에 만들어졌으며 밀라노 의류 도매 유통 센터로 다양한 기성복 제품을 판매 중이다. 면적은 14만 mq이고, 20개 전시관, 190여 개 업체가 영업을 하고 있다. 남성, 여성, 아동복, 액세서리 및 쥬얼리 등을 취급하고 있지만, 여성복 업체가 대부분이다.

첸트로그로쏘 볼로냐

1971년에 만들어져 40년의 역사를 가진 국제적인 패션 상업 센터이다. 이탈리아 생산 브랜드들이 밀집되어 있고, 최신 트렌드에 맞춘 제품들을 합리적인 가격에 제공한다. 원가 절감을 위해 대부분 이탈리아 남부 지역에서 생산을 했지만, 최근에는 동유럽이나 아시아 생산 제품도 자주 보이는 편이다. 50만 mq 면적의 전시 및 오피스 공간에 600여 개 업체가 입점해 있고, 패션 브랜드는 240여 개, 섬유 및 부자재 업체 100여 개 정도가 있다. 매출의 60%가 해외 수출이며, 주요 수출 지역은 다른 유럽 나라들이고 아시아, 미국, 중동 등에도 수출하고 있다.

III. 패션 관련 전시회 및 캘린더

전시회

시기	전시회명	장소	전시 내용
1월	Pitti Immagine Uomo	피렌체	남성복 및 액세서리
	Milano Collezioni Uomo	밀라노	남성복 패션쇼
	Pitti Immagine Bimbo	피렌체	아동복 및 액세서리
	Pitti Immagine Filati	피렌체	니트용 원사
	AltaRoma	로마	여성복 하이 패션
	Anteprima	밀라노	가죽 및 기타 부자재
	Macef	밀라노	주방용품, 선물용품, 실버용품
2월	Milano Unica	밀라노	원단 관련 전시회
	Intertex	밀라노	EU 외 국가 원단 전시회
	Milano Moda Donna	밀라노	여성복 패션쇼
	SUPER	밀라노	액세서리 패션 전시회
	White Milano	밀라노	액세서리 패션 전시회
	Mido	밀라노	안경 관련 전시회
	MIPAP	밀라노	여성복 프레타 포르테 전시회
	Lineapelle	밀라노	가죽 및 기타 부자재
3월	Filo	밀라노	원단용 원사 전시회
	Mifur	밀라노	가죽 및 모피 전시회
	TheMicam	밀라노	신발 전시회
	Mipel	밀라노	가죽 액세서리 전문 전시회
	Anteprima	밀라노	가죽 및 기타 부자재
	Cosmoprof	볼로냐	미용용품 및 트렌드
4월	Salone del Mobile	밀라노	가구 및 디자인 용품
5월	Modaprima	피렌체	의류 및 니트
	Si Sposaitalia	밀라노	웨딩 관련 전시
6월	Pitti Immagine Uomo	피렌체	남성복 및 액세서리
	Milano Moda Uomo	밀라노	남성복 패션쇼
	White Milano	밀라노	남성복 여성복 액세서리 전시
	Pitti Immagine Bimbo	피렌체	아동복 및 액세서리

시기	전시회명	장소	전시 내용
7월	Pitti Immagine Filati	피렌체	니트용 원사
	AltaModa	로마	여성복 하이 패션
	Anteprima	밀라노	가죽 및 기타 부자재
9월	TheMicam	밀라노	신발 전시회
	Mipel	밀라노	가죽 액세서리 전문 전시회
	Lineapelle	밀라노	가죽 및 기타 부자재
	Mipel	밀라노	가죽 및 기타 부자재
	Milano Moda Donna	밀라노	여성복 패션쇼
	Milano Unica	밀라노	원단 관련 전시회
	SUPER	밀라노	여성복, 액세서리 전시회
	White Milano	밀라노	여성복, 액세서리 전시회
	MIPAP	밀라노	여성복 프레타 포르테 전시회
10월	Filo	밀라노	원사 전시회
11월	Modaprima	피렌체	남성 여성복 전시회

Alta Roma

매년 1월과 7월에 로마에서 열리는 하이 패션 패션쇼 행사로 파리의 남성복 패션쇼와 같은 기간에 열린다. 알타 로마는 패션쇼뿐만 아니라 각종 사회적 이벤트와 함께 진행된다.

이탈리아 유명 디자이너들은 참가하지 않고, 밀라노 컬렉션에 참가하지 않는 브랜드들이나 패션학교와의 연계 패션쇼들이 주를 이루어 파리의 오뜨 꾸뛰르와는 질적으로 견줄 수는 없다. 하지만 최근에는 신진 디자이너 육성을 위한 'Who is on Next'를 보그 이탈리아와 함께 진행하여 전세계 바이어들에게 소개하는 자리를 마련하고 있다.

Location : Roma

Info : Via dell'Umiltà 48 . 00187 Roma . Italy

Tel : 39 06 6781313/ Fax: 39 06 69200303

Homepage : http://www.altaroma.it

Anteprima

볼로냐에서 열리던 리네아펠레 전시회의 트렌드 팀이 리네아펠레가 열리기 약 한 달 반 전에 밀라노에서 개최하는 트렌드 발표 및 리네아펠레의 프리뷰 전시회이다. 가죽 원피업체, 합성 소재, 구두 액세서리 그리고 각종 부자재, 인테리어 데코레이션 관련 업체들이 참여하며 이 전시회에서는 직접 소재를 만져 볼 수 있는 공간과 비디오 프레젠테이션이 병행된다.

Location : Studio 90. Via Mecenate 90, Milano

Info : Trend Selection. Via Brisa 3, 20123 Milano

Tel : 39-02-8807711 / **Fax :** 39-02-860032

E-mail : www.trendselection.com

Filo

1년에 2번 3월과 10월에 Cernobbio의 Villa Erba에서 열리는 이 전시회에는 다양한 원사 및 원사 분야의 트렌드가 전시된다.

Location : Villa Erba Cernobbio (Como)

Info : Biella Intraprendere. Corso Giuseppe Pella 2, 13900 Biella

Tel : 39-015-404032 / **Fax :** 39-015-8495558

E-mail : info@filo.com / www.filo.com

Milano Unica

파리에서 열리는 프리미에르 비종의 대규모 집객 능력에 위기감을 느낀 이탈리아 소재 전시회들이 경쟁력 강화를 위해 2003년 전시회를 통합했다.

소모 원단 중심의 Idea Biella, 면 캐주얼 원단 중심의 Moda in, 방모 중심의 Prato expo, 셔츠 원단 중심의 Shirts avenue 등이 하나로 합쳐 '밀라노 우니카'라는 전시회가 탄생된 것이다. 이러한 통합 시스템을 통하여 이탈리아 원단 산업 종사자들은 바이어 유치에 큰 노력을 기울이고 있다. 밀라노 우니카는 중국 상해에서도 1년에 두 번 전시회를 열고 있다

Location : Fiera di Milano

Tel : +39.02 66.101.105 / **Fax :** +39.02 66.111.335

Homepage : http://www.milanounica.it

Idea Biella

원래 이데아 비엘라는 코모 호수 옆에 있는 Villa Erba라는 곳에서 열리는 전시회였다. 전세계에서 가장 럭셔리한 전시회였는데, 전시

회 기간 내내 코모의 최고급 호텔인 빌라 데스떼에서 준비한 중식이 제공되었고, 테이블에는 'Made in Italy' 손수건을 컵에 꽂아 기념품으로 제공했다. 마지막 날은 모두가 함께하는 칵테일 파티를 통해 정보 교환의 장도 마련이 되었다. 그러나 이탈리아 전시회의 경쟁력 강화 차원으로 밀라노 우니카로 합쳐지면서 개최 장소도 밀라노로 이동하게 되었다.

코모에서 전시회가 개최될 때는 'Made in Italy'의 선택 받은 50여 업체만이 전시회에 참여할 수 있었다. 그러나 밀라노로 이동하면서 프레미에르 비종과의 경쟁을 감안하여 최근에는 영국 업체가 10여 개 이데아 비엘라에 참여하고 있다.

Moda In

매년 2월과 9월에 밀라노에서 열리는 소재 관련 직물 전시회이다. 이 전시회는 셔츠 원단, 스포츠 및 캐주얼 원단, 여성복 원단, 부자재 및 액세서리, 패션 관련 정보업체 등이 참여하며 다음 시즌에 대한 트렌드와 그에 따른 제품 및 이미지들을 전시한다. 모다 인은 아방가르드하고 트렌디한 원단을 선보이는 것으로 유명하다

Shirt Avenue & Tie Boulevard

체르놉비오의 Villa Erba에서 1년에 두 차례 열리던 전세계 유일의 넥타이 및 셔츠용 고급 원단 전문 전시회로 현재는 밀라노 우니카에

병합되어 밀라노에서 전시하고 있다. 이 전시회는 셔츠업체뿐만 아니라 디자이너, 바이어, 유통업체들 그리고 트렌드 전문업체들을 위한 전시회이다.

Lineapelle

리네아펠레는 매년 2월과 9월에 볼로냐에서 열리던 가죽 관련 전시회였으나 2014년 9월부터 밀라노 우니카와 함께 열린다. 원재료 및 가공된 가죽류 그리고 이를 위한 기계업체들이 참여하며 전세계 가죽 시장을 선도하는 독보적인 전시회로 평가 받고 있다. 이 전시회에서는 가죽과 관련된 최신의 유행을 한눈에 알 수 있고 새로운 소재 및 디자인을 찾는 사람들에게는 필요한 모든 정보와 제품을 제공해 주고 있다.

Location : Strada Statale 33 del Sempione, 28 Rho-Milano

Tel : 39.02.8807711 / **Fax :** +39.02.860032

Homepage : www.lineapelle-fair.it

Micam

1년에 두 번 Milano Fiera에서 열리는 국제적인 신발 전시회이다. 이 전시회는 남성, 여성, 아동용 신발의 컬렉션 및 영−레저 컬렉션, 트렌디 컬렉션 등으로 구분이 된다. 최근에는 스페인, 터키, 중국 등 해외업체들의 참여가 눈에 띄게 많아지고 있다.

Location : Fiera di Milano

Info : ANCI Servizi. Via Monte Rosa 21, 20149 Milano

Tel : 39-02-438291 / **Fax :** 39-02-43829322

E-mail : segreteria@micamonline.com

신발 전시회 Micam

Mido

1970년 Cadore 지역의 업체들을 중심으로 시작된 이후 매년 5월에 Milano Fiera에서 열리는 안경 및 광학 관련 제품 전시회이다. 전세계 안경의 27%, 중·고가 안경의 70% 시장 점유율을 가진 이탈리아의 안경 전시회인 Mido는 안경과 관련한 모든 것을 제공한다. 안경, 선글라스, 렌즈, 안경 관련 설비, 기계 등과 관련한 룩과 스타일, 디자인과 기술에 관한 모든 것을 제시하며, 특히 'Mido Trend'는 이와 관련한 가장 최신의 유행을 알려주는 특수한 공간이다. 이탈리아의 전통과 국제적인 창조성이 만나는 장소인 전시장은 스타일과 디자인과 신개발 제품에 관한 정보를 얻을 수 있는 장소이며 해마다 그 중요도가 더해지고 있다.

Location : Fiera di Milano

Info : Via Petiti 16, 20149 Milano

Tel : 39-02-32673673 / **Fax :** 39-02-49977174

E-mail : www.mido.it

Mifur

액세서리 및 의류용 모피 가죽의 원자재 및 완제품 전시회인 미퍼에는 이탈리아 및 해외 전시업체들이 다양한 모피 컬렉션을 전시한다. 러시아 시장이 워낙 큰 주력시장이어서 2002년에는 모스크바에서 두 번의 전시회를 개최하기도 했다. 그러나 현재는 밀라노에서만 전시를 하고 프레스를 위한 특별 모임을 모스크바에서 개최하고 있다.

변화하는 트렌드에 발맞추기 위하여 미퍼는 4개의 새로운 전시 공간을 마련한다. B.Box는 가죽과 퍼가 혼합된 특별한 트리밍을 한 퍼를 선보이는 곳이고 Crossover는 전통적인 퍼의 특성을 잘 살리면서 디테일을 잘 보여주는 제품을 선보인다. Glam Ave. 코너에서는 트렌디한 뉴스타일을 주로 선보이고 K.Point는 원자재와 무두질 공장 등에 대한 정보를 제공하는 데 초점을 맞추고 있다.

Location : Fiera di Milano

Info : Ente Fieristico Mifur. Corso Venezia 51, 20121 Milano

Tel : 339-02-76003315 / **Fax :** 39-02-76022024

E-mail : mifur@wms.it

Milano Moda Donna

파리의 프레타 포르테, 뉴욕의 패션위크와 더불어 세계 3대 여성복 컬렉션 중의 하나로, 매년 2월과 9월에 밀라노에서 열린다. Fiera Milano를 중심으로 밀라노 시내 각지에서 패션쇼와 프레젠테이션 등이 펼쳐진다.

밀라노 컬렉션은 이탈리아 패션협회인 Camera della Moda Italiana에서 주최하고 있고, 협회장 Mario Boselli와 의장 Jane Reeve가 주관하고 있다.

런던 컬렉션과 파리 컬렉션 사이에 열리는 밀라노 모다 돈나는 일주일간 지속된다. 최근 파리나 뉴욕에 밀린다는 평을 받는 밀라노 컬렉션은 바이어와 프레스 유치를 위하여 다양한 노력과 행사를 하고 있지만 쉽지 않은 환경이다.

Info : Camera Nazionale della Moda Italiana.

Via G. Morone 6, 20121 Milano

Tel : +39.02.7771081 / **Fax :** +39.02.77710850-62

Homepage : www.cameramoda.it

Milano Moda Uomo

매년 1월과 6월경에 밀라노에서 열리는 남성복 컬렉션으로 이탈리아 여성복 컬렉션이 점점 힘을 잃어 가는 데에 비해 여전히 이탈리아 남성복 패션은 전세계 남성 패션의 중심에 있다고 할 수 있다.

여성복과 마찬가지로 Camera della Moda Italiana에서 주관하고 있고, 대표 참가 브랜드로는 살바토레 페라가모, 조르지오 아르마니, 에르메네질도 제냐 등이 있다. 최근 버버리는 밀라노에서 선보이던 남성 컬렉션을 런던으로 옮겨갔다.

Info : Camera Nazionale della Moda Italiana.

Via G. Morone 6, 20121 Milano

Tel : +39.02.7771081 / **Fax :** +39.02.77710850-62

Homepage : www.cameramoda.it

Mipap

미팝Milano Pret a Porter은 매년 2월과 9월에 신인 디자이너들의 컬렉션을 소개하는 자리다. 밀라노 모다 돈나가 런웨이 혹은 컬렉션을 통해서 새로운 제품을 소개한다면 미팝은 전형적인 형태의 트레이드쇼로 이탈리아 브랜드뿐 아니라 다양한 해외 브랜드도 자신의 컬렉션을 소개할 수 있는 자리다. 약 500개 정도의 브랜드가 참여하는 규모다.

Location : Fieramilanocity,

Viale Scarampo, Entrata Gate 5 ,20149 Milano

Tel : +39 0249971

Homepage : www.mipap.it

Mipel

매년 3월과 9월에 **Milano Fiera**에서 열리는 가죽 관련 제품의 국제 전시회이다. 핸드백, 기타 가방, 벨트, 가죽 액세서리 등의 제품으로 이루어지는 이 전시회는 구두 전시회인 미캄과 동일한 장소에서 같은 시기에 열린다.

미펠은 톱 바이어들에게만 제공하는 'Top Club'을 운영하고 있고 QR 코드를 통하여 온라인으로 카탈로그를 볼 수 있는 서비스도 제공하고 있다.

Location : Fiera di Milano

Info : Aimpes Servizi Srl. Viale Beatrice d'Este 43, 20122 Milano

Tel : 39-02-584511/ Fax: 39-02-58451320

Homepage : www.mipel.com

미펠 전시회의 전경과 전시된 제품들

Pitti Immagine Bimbo

피렌체의 Forza da Basso에서 1년에 두 차례 열리는 아동복 전시회로 유럽의 아동복 전시로는 가장 크고 중요한 전시회이며, 2015년에는 80회를 맞이한다. 보통 삐띠 이마지네 워모가 열린 직후에 개최되며, 유명 명품 브랜드가 아동복을 론칭할 때 가장 먼저 선보이는 곳이기도 하다.

Location : Forza da Basso

Info : Pitti Immagine. Via Faenza 111, 50123 Firenze

Tel : 39-055-36931/ Fax: 39-055-3693200

Homepage : http://www.pittimmagine.com

Pitti Immagine Filati

2015년 76회를 맞는 이 전시회는 매년 1월과 7월에 피렌체의 Fortezza da Basso에서 열리는 니트 원사 전문 전시회이다. 천연섬유뿐만 아니라 인조섬유 그리고 다양한 혼방섬유를 모두 취급한다. 매장에 상품이 출고되는 시점보다 1년 먼저 발표되는 이 전시회의 트렌드는 디자이너가 상품기획을 시작할 때 참고하는 기본 자료가 된다.

Location : Forza da Basso

Info : Pitti Immagine. Via Faenza 111, 50123 Firenze

Tel : 39-055-36931/ **Fax :** 39-055-3693200

Homepage : http://www.pittimmagine.com

전시회에 출품된 원사

Pitti Immagine Uomo

1972년에 처음 시작되어 매년 1월과 6월 피렌체의 Fortezza da Basso 및 Palazzo degli Affari에서 열리는 남성복 전시회이다. 삐띠 이마지네는 이탈리아 패션의 효시가 된 행사였는데, 밀라노 모다 돈나가 생기기 전에는 남녀 컬렉션을 동시에 선보였다.

삐띠 이마지네 워모는 매년 2회 남성복의 앞선 트렌드를 제시하고 있으며, 전통적인 남성복과 함께 아방가르드한 스타일 및 스포츠 의류, 그리고 맞춤복 수준의 의류 등 다양한 라이프스타일에 따른 남성복 컬렉션 및 액세서리가 전시된다.

최근에는 매해 특별 초청 국가를 선정, 그 나라의 디자이너를 집중 소개하는 시간을 갖기도 하는데, 현재까지는 일본, 터키, 스웨덴 등이 소개된 바 있다.

Location : Forza da Basso

Info : Pitti Immagine. Via Faenza 111, 50123 Firenze

Tel : 39-055-36931/ **Fax :** 39-055-3693200

E-mail : uomo@pittimmagine.com

Salone del Mobile

매년 4월 밀라노에서 열리는 살롱 드 모빌레는 전세계에서 가장 중요한 가구 전문 페어이다.

6일간 지속되는 행사 기간 동안 전시장에서 열리는 가구, 디자인 용품, 조명용품 등의 전시를 비롯해 밀라노 시내 곳곳에서 열리는 디자이너와 아티스트, 건축가, 산업 디자이너들의 공동작업으로 이루어지는 각종 전시회를 즐길 수 있다.

전세계 160개국에서 30만 명이 넘는 방문객 수를 유치하고 있는 전세계 하나뿐인 국제가구행사로 가전, 가구 및 인테리어 분야의 트렌드 흐름과 참신한 아이디어와 기술, 예술이 함께 접목된 전세계 최고업체들의 제품을 한눈에 볼 수 있다. 전시는 상설관과 2년마다 번갈아 열리는 격년관으로 구분되며, 상설 전시회는 테마에 따라 크게 클래식, 모던, 디자인 관으로 나눠지고 격년 전시회는 홀수 해에는 조명과 사무가구, 짝수 해에는 주방·욕실가구 전시회가 개최된다.

FUORI SALONE

푸오리 살로네^{www.fuorisalone.it}는 가구 전시회가 성장하면서 밀라노를 찾는 방문객이 많아지자 가구 전시회 기간에 맞춰 1980년대 말, 1990년대 초 디자이너와 생산업체들이 개별적으로 자신들의 매장이나 공간에서 전시를 하면서 시작되었다.

갤러리, 공장, 서점, 카페 등 다양한 장소에서 독특한 아이디어와 콘셉트로 전시회가 개최되어 이벤트 요소가 강하고 산업 디자이너뿐만 아니라 패션업계 및 다양한 업체들이 참가하여 밀라노 전역을 디자인 축제의 장으로 만든다. 주요 전시 지역은 트리에날레 전시관, 쇼룸 밀집 지역인 토르토나, 옛 공장지대 부지를 활용한 벤투라 람브라테, 갤러리 및 이색매장이 많은 브레라 지역 등이다.

Location : Fiera di Milano 및 Milano 시내 매장 및 전시 공간

Info : Cosmit s.p.a. Foro Buonaparte 65, 20121 Milano

Tel : 39-02-725941/ **Fax :** 39-02-89011563

E-mail : www.cosmit.it

Si Sposaitalia

1년에 한 차례 밀라노에서 열리는 결혼 예복 및 행사복 전시회이다. 예복과 행사복 관련 국제 전시회로 '메이드 인 이탈리아' 제품의 고급 이미지와 최근의 예복 트렌드를 알려주고 세미나, 미용, 화장 등의 전시장을 마련하며, 많은 전시업체, 바이어, 광고 관련 업체를

초대하여 패션쇼를 실시하는 등의 다양한 프로그램이 진행된다.

Location : Fiera di Milano

Info : Fieramilanocity, Viale Scarampo, Entrata Gate 5, Pad.3

Tel : +39 0249971

Homepage : http://sposaitaliacollezioni.fieramilano.it

참고문헌

1. La Reppublica, 2014년

2. laborazioni Assocalzaturifici, SITA , 2013

3. AIMPES, Andamento congiunturale del settore pelletteria 2013

4. Oservatorio Nazionale Dei Distretti Italiani, 2012

5. 두오모 성당 공식 자료 참조

6. Intesa Sanpaolo, 2014년

7. Monitor dei Distretti Toscani, 2014

8. Osservatorio Nazionale Distretti Italiani, 2012

9. Osservabiella, 2014년

10. Sita Ricerca, 2014년

11. Casaleggio Associati, 2013

12. Pambianconews (www.pambianconews.com)

13. Sita Ricerca

14. Istat

15. Il Sole 24 Ore

16. Fashion Mag

17. Federazione Moda Italiana

18. Camera della Moda Italiana

19. Pitti Immagine—Comunicato Stampa 2013, 2014

20. Osservatorio Nazionale Distretti Italiani— Edizione 2013

21. AIMPES—Nota Economica 2014, 2013

22. Laborazione Assocalzaturfici—Nota Economica 2014

23. Mipel—Comunicato Stampa 2014,2013, 2012

24. Ideabiela—Comunicato Stampa 2014

25. Rapporto Sulla Competibilità dei settori produttivi- ISATA, edizione 2014

26. Vogue Italia— Vogule Encyclopedia